建设项目防洪与输水影响评价典型案例

巩向锋　杨大伟　王光辉　等著

U0227591

黄河水利出版社

·郑州·

内 容 提 要

本书根据《河道管理范围内建设项目防洪评价报告编制导则(试行)》(办建管〔2004〕109 号)和《涉水建设项目防洪与输水影响评价技术规范》(DB 37/T 3704—2019)的要求,汇编了作者近期主持的涉水建设项目防洪与输水影响评价实例,主要有高速公路桥梁和铁路桥梁跨越湖泊、河道、渠道的防洪与输水影响评价,管道工程穿越河道、渠(管)道的防洪与输水影响评价及定向钻穿越河道的专项论证报告。通过具体实例展示了一般涉水建设项目防洪与输水影响评价报告书的主要内容。

本书可供从事涉水建设项目防洪与输水影响评价的工程技术人员以及相关领域的研究人员阅读参考。

图书在版编目(CIP)数据

建设项目防洪与输水影响评价典型案例/巩向锋等
著. —郑州:黄河水利出版社,2023.6
ISBN 978-7-5509-3597-6

Ⅰ.①建… Ⅱ.①巩… Ⅲ.①水利工程-辅助建筑-
防洪-影响因素-评价-案例 Ⅳ.①TV

中国国家版本馆 CIP 数据核字(2023)第 110885 号

组稿编辑:王路平 电话:0371-66022212 E-mail:hhslwlp@ 163. com
　　　　 田丽萍 　　　　　　　66025553 　　　　　　912810592@ qq. com

责任编辑	周　倩		责任校对	张　倩
封面设计	李思璇		责任监制	常红昕

出版发行　黄河水利出版社
　　　　　地址:河南省郑州市顺河路 49 号　邮政编码:450003
　　　　　网址:www. yrcp. com　E-mail:hhslcbs@ 126. com
　　　　　发行部电话:0371-66020550
承印单位　广东虎彩云印刷有限公司
开　　本　787 mm×1 092 mm　1/16
印　　张　11.5
字　　数　270 千字
版　　次　2023 年 6 月第 1 版　　印　　次　2023 年 6 月第 1 次印刷
定　　价　120.00 元

前　言

依据国家计委、水利部《河道管理范围内建设项目管理的有关规定》（水政19927号），为保障水利工程安全和效益，减轻水作用对建设项目的安全影响，为涉水建设项目水行政许可提供科学依据，进一步促进涉水建设项目依法管理，对于河道管理范围内建设项目，应进行防洪评价，编制防洪评价报告。评价报告内容应能满足《河道管理范围内建设项目管理的有关规定》审查内容的要求。

本书密切结合山东省高速公路和原油管道等涉河基建项目建设形势，根据作者工作实际，汇编了不同涉河工程不同跨（穿）越类型防洪与输水影响评价典型案例，对相关工作从业人员具有一定参考价值。全书共分10章，第1章为高速公路桥梁跨越湖泊防洪影响评价实例，第2章为高速公路桥梁跨越河道防洪影响评价实例，第3章为高速公路桥梁跨越渠道输水影响评价实例，第4章为铁路大桥跨越河道防洪影响评价实例，第5章为定向钻穿越河道防洪影响评价实例，第6章为定向钻穿越管道输水影响评价实例，第7章为定向钻穿越渠道输水影响评价实例，第8章为顶管法穿越河道防洪影响评价实例，第9章为挖沟法穿越河道防洪影响评价实例，第10章为定向钻穿越河道专项论证报告实例。

本书在编写过程中，得到了山东省水利厅、山东省水利科学研究院以及相关涉河工程项目审批单位、建设单位、设计单位的大力支持和帮助。本书由巩向锋、杨大伟、王光辉等著，参加本书撰写的人员还有王锐、刘莉莉、郝晓辉、黄继文、程素珍、张立华、王玉太、董新美等，许多同志参与了本书的调研和实践工作。另外，本书在撰写过程中还引用了大量的参考文献。在此，谨向为本书的完成提供支持和帮助的单位、工程技术人员和参考文献的作者表示衷心的感谢！

由于作者水平有限，书中难免存在不妥之处，敬请读者批评指正。

作　者

2023 年 1 月

目 录

第1章
高速公路桥梁跨越湖泊防洪影响评价

1.1　项目简介

1.1.1　桥梁设计情况

1.1.1.1　主线桥设计

南四湖特大桥湖东跨越点在济宁市微山县两城镇黄山村与白沙村之间,此段无堤防;湖西跨越点在济宁市鱼台县张黄镇西王庄南 300 m(湖西大堤桩号 31+030)处。

南四湖特大桥起点桩号为 K40+566.5,分别跨越白马河航道(Ⅲ级航道 K42+811)、京杭运河主航道(Ⅱ级航道 K45+685)、京杭运河西航道(Ⅲ级航道 K49+617),在 K49+715 位置上跨湖西大堤,终点桩号为 K50+455.5。主线桥全长 9 889 m(至桥台耳板尾部),其中 K45+885~K47+022 之间桥梁为南阳互通立交范围。

南四湖特大桥推荐方案由东向西的桥跨组成为:东侧接线引桥[(60×35) m 预制小箱梁]、跨白马河桥[(75+130+75) m 预应力混凝土连续梁]、滩内引桥[(63×35+10×33) m 预制小箱梁]、跨京杭运河主航道桥[(95+210+95) m 双塔斜拉桥]、滩内引桥｛[14×35+5×31+3×35.5+(35+35.5+35)+8×35]m 现浇连续箱梁(南阳互通式立交主线桥)｝、70×35 m 预制小箱梁(湖内浅滩)、跨京杭运河西航道桥[(75+130+75) m 预应力混凝土连续梁]、西侧接线引桥[(20×35) m 预制小箱梁]。桥梁共 57 联,265 孔(其中湖区内桥梁共 51 联,232 孔)。湖区范围内主线桥梁底控制设计最低标高为 40.60 m。

1.1.1.2　南阳互通式立交设计

南阳互通式立交主线设计范围为 K45+885~K47+022,采用单喇叭 A 型,主线上跨匝道。互通区段内主线采用高速公路技术标准,设计速度为 120 km/h,主线桥梁标准桥宽为 29.7 m。南阳互通式立交共设 5 条匝道,A 匝道为主匝道,连接收费站,其他 4 条匝道分别与 A 匝道连接。其中,B、E 匝道为上行匝道,经 A 匝道分岔后,去往枣菏高速南四湖主线桥,C、D 匝道为下行匝道,汇入 A 匝道后,去往南阳互通式立交收费站。

A 匝道桥梁起点桩号为 AK0+362,终止桩号为 AK0+968.5,设计速度为 40 km/h,分岔端前为对向四车道,路基宽度为 24.50 m。分岔端后为对向双车道,路基宽度为 16.50 m。A 匝道起点(收费站筑路终点)处桥梁设计高程为 40.30 m,地面高程为 40.20~40.30 m。A 匝道桥中心桩号为 AK0+665.26,桥跨布置为(18×26+8×17.315)m。上部结构采用预应力混凝土连续现浇箱梁、钢筋混凝土现浇箱梁;下部结构采用圆柱墩,墩台采用桩基础。

B、C、D、E 匝道设计速度为 40 km/h,均为单向单车道,路基宽 9.0 m。

B 匝道桥中心桩号为 BK0+095.655,桥跨布置为 10×19.131 m。上部结构采用钢筋混凝土连续现浇箱梁;下部结构采用圆柱墩,桥墩直径为 1.4 m,墩台采用桩基础。

C 匝道桥中心桩号为 CK0+300.642,桥跨布置为 10×25.262 m。上部结构采用预应力混凝土连续现浇箱梁;下部结构采用双圆柱墩,桥墩直径为 1.4 m,墩台采用桩基础。

D 匝道桥中心桩号为 DK0+345.466,桥跨布置为 12×26.167 m。上部结构采用预应力混凝土连续现浇箱梁;下部结构采用双圆柱墩,桥墩直径为 1.4 m,墩台采用桩基础。

E 匝道桥中心桩号为 EK0+291.885,桥跨布置为 12×26.327 m。上部结构采用预应力混凝土连续现浇箱梁;下部结构采用双圆柱墩,桥墩直径为 1.4 m,墩台采用桩基础。

本立交在 A 匝道起点设收费站,收费站范围 AK0+000~AK0+350,收费站进口路基宽 38.70 m,收费站出口路基宽 16.50 m,收费站最宽处 44.20 m,收费车道数为进 3 出 5。收费站起点 AK0+000 路面设计高程 37.50 m,地面高程 37.50 m;终点 AK0+350 路面设计高程 40.30 m,地面高程 40.20~40.30 m。

南阳互通式立交收费站办公场区长 80 m,宽 75 m,设计标高 37.2~37.5 m,地面高程 37.90~39.10 m,经过局部整平压实后满足设计要求。南阳互通立交落地处平面布置见图 1-1。

1.1.1.3 跨湖西大堤及京杭运河西航道设计

南四湖特大桥在 K49+617 位置上跨京杭运河西航道,1 跨跨过,跨径 130 m。航道规划底高程 28.8 m,规划底宽 45.0 m,规划边坡 1∶3。在 K49+715 位置上跨湖西大堤,1 跨跨过,跨径 75 m。大桥跨越处湖西大堤堤顶宽 20.78 m,堤顶高程 39.87~40.28 m,梁底最低标高 47.452 m。244 号桥墩距大堤临水坡坡脚最近距离 4.0 m,245 号桥墩距大堤背水坡坡脚最近距离 3.78 m。湖西大堤东侧 244 号墩(N35°06′21.280″,E116°37′25.140″),湖西大堤西侧 245 号墩(N35°06′20.297″,E116°37′22.431″)。

1.1.1.4 跨京杭运河主航道设计

南四湖特大桥在 K45+685 位置上跨京杭运河主航道,1 跨跨过,跨径 210 m。航道规划底高程 28.8 m,规划底宽 63.0 m,规划边坡 1∶8。

1.1.1.5 跨白马河航道设计

南四湖特大桥在 K42+811 位置上跨白马河航道,1 跨跨过,跨径 130 m。航道规划底高程 28.8 m,规划底宽 45.0 m,规划边坡 1∶3。

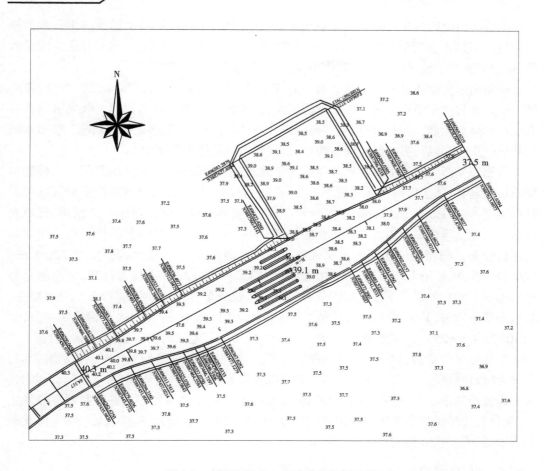

图 1-1 南阳互通式立交落地处平面布置

1.1.1.6 跨南阳镇东、西行洪浅槽设计

南四湖特大桥在 K44+550～ K45+450 位置上跨南阳镇东行洪浅槽,跨径布置为(20× 35+10×33)m,浅槽内共设置 26 排桥墩,桥墩直径为 1.6 m、1.8 m;在 K47+660～K48+240 位置上跨南阳镇西行洪浅槽,跨径布置为 20×35 m,浅槽内共设置 18 排桥墩,桥墩直径为 1.6 m。

1.1.1.7 排水沉淀池设计

根据《关于加强公路规划和建设环境影响评价工作的通知》(环发〔2007〕184 号)要求,为防范危险化学品运输带来的环境风险,对跨越饮用水水源二级保护区、准保护区和二类以上水体的桥梁,在确保安全和技术可行的前提下,应在桥梁上设置桥面径流水收集系统,并在桥梁两侧设置沉淀池,对发生污染事故后的桥面径流进行处理,确保饮用水安全。

特大桥跨越南四湖,南四湖既是山东省级自然保护区,同时也是南水北调调水干渠及调蓄水库(京杭大运河和南四湖),因此南四湖特大桥段需要设置桥面径流收集系统。

本桥桥面设计为2%横坡,桥梁纵坡不小于0.5%,以便桥面雨水迅速排出。在护栏内侧(桥面低处)设置泄水管进水口,顺桥向间距5 m,将桥面水通过泄水管排入纵向排水管,然后引至沉淀池,经沉淀、蓄毒作用,防止直接排入保护水体。

桥面雨水径流通过桥面排水系统排放至雨水收集沉淀池中,沉淀池设溢流管、排空管、配套阀门,初期雨水先进入池中进行沉淀,过量雨水则可溢流入边沟。收集沉淀池具有沉淀和隔油功能,可对初期雨水进行物理处理,同时兼具应急事故缓冲功能。桥面水经沉淀池收集、沉淀后,再排放至天然沟槽,最终汇入自然排水系统中。

根据环境影响报告书对当地多年的气象观测数据统计结果,沉淀池容积参照桥面初期雨污水量,以济宁市最大暴雨量228.8 mm进行计算,尺寸按桥梁或路段所处区域最大暴雨强度的30 min雨量进行设计。同时,考虑危险品运输车辆运输的石油制品、化肥农药和化工制品等泄漏所需的冲洗水量并预留储存余量,设置合适容量的沉淀池对初期雨水进行收集。根据当地多年的气象观测数据统计结果,得桥位处暴雨强度为228.8 mm(20年一遇,24 h最大降雨量),初期雨水收集容量按30 min暴雨流量计算,沉淀池总容量不小于1 571.9 m³。据桥位高程分布、跨径、水域分布情况,本项目共设置7处沉淀池,外型采用流线型,其中400 m³沉淀池2座,尺寸为10×26.0 m;350 m³沉淀池3座,尺寸为10×23.0 m;250 m³沉淀池2座,尺寸为10×19.0 m。池顶高程均在37.0 m左右。

沉淀池排空管阀门常闭,出水管阀门常开。当危险品泄漏事故发生时,公路管理部门人员及时赶到现场,将出水阀门关闭。还可以安装远程控制的电动阀门,电动闸板阀的开关由远程控制中心及现场手动联合控制,在控制中心通过路面监测设备监测到事故发生后,发出远传控制指令关闭闸板阀,使事故污水进入沉淀池。若沉淀池收集的为危险化学品废水,则要委托有资质的单位进行处理。

1.1.2 桥梁主要施工方案

根据各区段桥梁结构特点,采用平行作业与流水作业相结合的方式合理安排施工。

主桥控制项目工期,因此要对主桥施工做出详细的进度安排,其他非控制性工程项目在本进度安排内穿插进行。本项目建设工期40个月。

1.1.2.1 主航道桥施工方案(双塔斜拉桥)

水中基础施工:架设便桥,打钢板桩围堰或钢套箱后架设施工平台。桩基施工期设置泥浆船,泥石钻渣由车辆或驳船运走。桩基施工完毕后,浇筑基坑封底混凝土,抽干围堰内水,进行承台施工。采用爬升模板法逐段连续施工塔身。

本方案上部结构施工流程:桥塔及共用墩施工,搭设支架安装0号块,塔梁临时固结,安装桥面吊机,逐段拼装各梁段并张拉相应拉索,同时搭设支架拼装边跨梁段,边跨悬臂施工梁段完成后,边跨合龙,继续中跨悬臂拼装,然后依次合龙中跨,最后成桥。

1.1.2.2 西航道桥和白马河桥施工方案

旱地基础搭设简易平台后直接施工。桩基施工完毕后,浇筑基坑封底混凝土,抽干围堰内水,进行承台施工。采用爬升模板法逐段连续施工墩身。

主梁施工:搭设支架现浇0、1号块,主墩处墩梁临时固结,安装挂篮,逐段现浇各梁段,全部悬臂浇筑完成后,先搭设支架浇筑边跨合龙段,拆除主墩处墩梁临时固结,然后合龙中跨,最后成桥。每段悬臂箱梁施工流程:前移挂篮,模板布设—钢筋绑扎—安放预应力钢筋—浇筑混凝土—养生—张拉预应力束—移动挂篮进入下一个循环。

1.1.2.3　引桥施工方案

(1)钻孔桩:直接采用原位成孔工艺;探明沿线管线埋设具体位置,做好标识或改迁工作。引桥施工前,应做好交通协调工作。

(2)承台:采用支护开挖立模浇筑工艺;桩基施工完成后,结合现场实际地质情况,承台施工采用明挖基坑施工工艺,需要采用井点降水等辅助措施,对于沟渠、水中桥墩承台,采用筑岛后开挖施工。

(3)墩柱:高墩采用爬升模板法逐段连续施工墩身,矮墩采用模板直接浇筑。根据墩身的结构尺寸、混凝土方量及混凝土搅拌浇筑能力、工期安排,合理调配资源,组织现场施工生产。

(4)连续箱梁方案:现浇箱梁均为单箱单室断面形式,结合本工程实际,可采用支架现浇或移动模架施工法,地基不良的地段支架底应进行基础加强。

(5)预制小箱梁方案:工厂预制并运输至现场后采用架桥机吊装就位,现浇墩顶混凝土、张拉墩顶预应力,支座转换,进行简支转连续工作。

1.1.2.4　临时工程

本路段的临时工程有施工便道、施工栈桥、运料便道、小箱梁预制场、临时墩、沥青拌和厂、仓库、堆场、工棚、办公房等。

施工便道宜结合路侧辅道布设和施工方案、工期安排,在主线一侧或两侧贯通布置,并考虑雨季施工的要求,铺设简易砂石路面,隔适当距离设会车道。

在各航道分别设置施工栈桥1座。栈桥要考虑防洪拆除便桥的要求,既保证安全,又要安拆方便。

电力线、通信线的布设参照沿路电力线、通信线的实际情况,按照就近引线的原则进行布设。

临时占地包括便道占地、施工场地占地、临时弃土场占地和钢桁梁桥预拼场地、小箱梁预制场等。

临时工程还包括公路临时用地及其引起的树木、建筑物、电力电信的赔偿工程。

1.1.2.5　航道桥施工期间交通组织及安全措施

由于主梁采用悬臂拼装法施工,建筑材料主要通过陆路运输,对过往船舶航行的影响不大。但在悬臂施工作业时,在必要的吊装过程中,在施工现场附近实行临时性的交通管制措施,既确保大桥施工安全顺利进行,又确保施工区及附近通航安全。

1. 确保施工安全的措施

(1)划定大桥水域界限、施工作业区域、通航区域,禁止非施工作业船舶进入作业区,保证施工期船舶安全通过桥区。

(2)施工前建设单位和施工单位应在规定的期限内向海事部门和港航部门提出施工作业通航安全审核申请,接受相关部门的审核,领取水上水下施工作业许可证。施工船舶及其航行设备和施工作业设备应持有有效的相关证书。

（3）施工船舶的配员应满足有关的配员规则要求，船员应持相应的适任证、合格证，船舶的其他操作、施工人员也应持有相应的合格证书。特殊工种人员（船舶操纵人员、电工、焊工、架子工、起重工、打桩工、指挥等）必须经培训合格持证上岗，无证或证书过期人员严禁上岗。施工船舶和设备设施应保持正常的状态，对施工设施、设备应做必要的维护保养。

（4）施工单位在施工作业期间应按港航部门确定的安全要求，在施工区设置必要的安全作业区或警戒区，设置有关标志或配备警戒船。在现场作业船舶或警戒船上配备有效的通信设备，施工作业期间指派专人警戒，并在指定的频道上守听。

（5）施工作业者进行施工作业前，应按有关规定向港航部门申请发布航行通告。

（6）桥梁建设单位落实施工企业安全生产责任制和负责组织、协调施工单位和港航部门之间的工作；应委托航道维护部门根据大桥桥跨方案和实测的水道水下地形，按需配置并维护好航标和临时导航设施；同时桥梁建设单位和施工单位应配合航道管理部门根据施工需要，及时设置或调整桥区的助航标志。

2. 确保施工区通航安全的措施

（1）在吊装作业时，过往船舶航道将随着施工作业而变化，应规划临时性航道供正常航船安全通航。在港航部门的监督管理下，在大桥通航孔的上下游设置明显的导航、助航标志，并根据工程进展的需要随时调整航道位置，移动助航标志，并及时发布相关的航行通告。

（2）港航部门或施工单位派出专业船负责警戒、指挥和领航，以维护施工区交通秩序。

（3）特殊船舶的通航，应事先与港航部门共同协商，制定切实可行的特殊护航措施。

（4）制定大风（台风）期间、大汛期间、雾天能见度低时以及夜间航行安全措施，加强通信联络，实行 24 h 安全值班制度，保证船舶航行安全。

（5）港航监督部门负责制定施工期间船舶通过大桥的规定，负责船舶通航安全的管理及负责桥区水域现场安全秩序的管理；根据各个不同施工期的特点，会同桥梁建设单位和航道部门制定相应的通航规定和安全措施。

（6）施工单位必须做好突发事件的应急预案。

1.1.3 工程施工期弃土方案

工程弃土外运至路基取土场。不得在运输过程中沿途丢弃、遗撒固体废弃物；在施工营地设置化粪池和垃圾箱，由承包商按时清除垃圾、清理化粪池；按计划和施工的操作规程，严格控制并尽量减少余下的物料；一旦有余下的材料，将其有序地存放好，妥善保管，可供周边地区修补乡村道路或建筑使用；对收集、储存、运输、处置固体废弃物的设施、设备和场所，应当加强管理和维护，保证其正常运行和使用。

1.1.4 工程施工期弃渣方案

在桥梁基础施工组织设计中，应按有关规范明确规定设置钻浆储存设施，废弃的钻渣严禁直接排入地表水体,设计临时堆放场进行临时堆放,场地周围设计必要的拦挡措施,防止溢流。最终将施工中的钻渣集中运至指定的弃渣场进行永久处置,避免水土流失或可能的有毒岩土风化等因素导致农田和湖区污染。

1.1.5　桥梁施工期度汛方案

1.1.5.1　桥梁工程施工防洪措施

(1)调度汛期接收、分析各类气象及水情预报,及时向项目经理汇报,准备防范对策。施工期间,建设、施工单位加强与水利部门的联系,密切关注水情,确保湖区度汛和施工安全;加强水环境保护,严禁向湖区内倾倒垃圾、排污等。

(2)施工方须编制详细的施工方案,其中包括施工设备和人员配备、料场和弃渣场位置、施工交通及应急预案等内容,并按施工方案实施。施工单位需加强防患意识,确保施工安全。

(3)每年汛前,建设单位应按规定编制年度施工度汛方案,报湖区主管机关审查。应急器材在雨季前备齐,专库专项保管。防洪设备在防洪期间集中存放,并保持良好状态随时调用。未经批准,任何人不得擅自动用防洪物资。汛前全面检查用电设备,及时增加用电安全设施,下雨时覆盖电气设备,防止因阴雨潮湿漏电造成触电事故和设备事故。

(4)为了防止下雨时由于风雨的影响而断电,工地上备发电机和柴油,在日常工作检查中,确保供电线路畅通,定期启动发电机,确保发电机无故障,能正常运行,一旦发生断电,立即用发电机供电。

(5)为防止四周雨水流入基坑,施工现场备草袋以便装土制作围堰,保护基坑以免坍塌。

(6)湖区内水中布置栈桥,每孔跨径不小于 15 m,栈桥梁底高程不低于防汛水位;滩区内施工便道不高于当地滩面 0.5 m。

(7)在河道汛期,争取在第一时间掌握第一手汛情资料,做好各项防洪准备,把机具和材料转移到安全地带,尽可能减少施工对行洪的影响和洪水对施工的影响。

(8)根据大桥施工强度和当地水文气象等情况,大桥工程的下部基础施工选择在枯水期作为主要的施工时段。在洪水到来前,将桥墩浇筑至洪水位以上,达到大桥工程施工时的防洪安全要求。大桥施工时,施工的料场应布置在地势较高的地方,施工设施应尽量不占或少占过流面积。若施工期间碰到较大的洪水,应将设备提前撤离,保证设备和人员的安全。

(9)在桥墩施工时,对墩周围土体进行回填压实,以防冲刷。

(10)在河中桥墩的桩基础施工时,施工产生的弃渣应拉到指定的地方倾倒。洪水期间及时清理钢管桩平台周围的漂浮物,以防止钢管桩平台下水道被堵塞而壅高河道水位;施工期间,加强航道管理与疏导,保持航道畅通。

(11)施工结束后,湖区管理范围内的施工栈桥等临时设施应及时拆除,清理施工现场,恢复湖区原貌。

1.1.5.2　施工区和生活区度汛

（1）及时检查清理生活区及施工仓库附近的排水沟，防止雨水进入宿舍及仓库。

（2）新浇筑混凝土和砌石面搭设防雨棚，避免雨水冲刷。

（3）预制桥梁、预制块等构件，堆放在坚硬的场地内，做好排水工作，必要时进行临时加固，以防倒塌。

（4）模板、钢筋等按要求进行架高，及时覆盖防雨布，避免雨淋水泡生锈变形。

（5）施工机械选择在高处停放，停放在坚硬地带，对进气口和排气管进行保护，切断电源，关好门窗。

1.2　南四湖基本情况

1.2.1　概况

南四湖位于鲁西南、苏北及苏鲁两省交界处，是南阳湖、独山湖、昭阳湖和微山湖的合称，湖面狭长，宽窄不均，东西宽 5~20 km，南北长约 120 km。1960 年横跨昭阳湖建二级坝，将南四湖分为上、下级湖。南四湖流域面积 31 400 km²，湖区面积约 1 300 km²，总库容 60 多亿 m³，既是防洪、蓄水、灌溉、养殖、航运综合利用的大型湖泊，也是南水北调东线工程规划的调蓄水库（下级湖）和输水通道。

湖东为山丘区，湖西为平原区，平原约占 74%。南四湖来水主要有泗水、梁济运河等数十条支流汇入，洪水由韩庄闸、伊家河闸、老运河闸、蔺家坝闸分别通过韩庄运河及不牢河下泄。

湖东主要有洸府河、泗河、白马河、城河、十字河、大沙河等河流，发源于沂蒙山区，源短流急，水势暴涨暴落，山前平原部分洼地排水不畅。

湖西入湖主要支流有梁济运河、洙水河、洙赵新河、蔡河、万福河、老万福河、惠河、西支河、东鱼河、复新河、姚楼河、大沙河、杨屯河、沿河、鹿口河、郑集河等支流。

湖西大堤是南四湖湖西地区的重要保护屏障，保护人口 480 万和耕地 497 万亩，还有徐州和济宁等重要城市。湖西大堤北从老运河口起，南到蔺家坝止，全长 131.197 km（其中堤防长 127.124 km），涉及鲁、苏两省济宁、徐州二市的任城、鱼台、微山、沛县和铜山五县（区），其中省界姚楼河以北堤防长 48.537 km，以南堤防长 78.587 km。

1.2.2　水文气象

南四湖属淮河流域沂沭泗水系，是一个浅水型湖泊，湖盆浅平，北高南低，比较平缓，正常蓄水位条件下平均水深 1.5 m 左右，兼具一般湖泊调蓄功能和平原河道行洪作用。湖区水资源主要来源于降雨形成的地表径流，部分来自引黄灌溉的退水。滨湖地区地下水主要靠降雨入渗和湖水侧渗补给，同时受上游地下水的影响。

南四湖湖东地区，河流大都为山溪性，源短流急，水势暴涨暴落；湖西地区地势平坦，河道比降较缓,受其影响,洪水涨落较缓慢,汇集消退时间较长,洪水过程一般为矮胖型,变化平缓。

南四湖地区气候特性介于黄淮之间,属暖温带半湿润季风气候区。多年平均雨量在 800 mm 左右,受季风影响,降水的季节性很强。

本地区降水年内分配不均,大部分降水集中在 6~9 月,多年平均情况下,6~9 月降水量占年降水量的 70%;7~8 月雨量最多,约占年雨量的 50%。降水量的年际变化很大,最大年水量与最小年水量相差可达 4 倍以上。

本地区春季多风,夏季多雨,秋旱少雨,冬季干冷。冷热季和干湿季区别较明显。多年平均气温 13.7 ℃,7 月最热,最高日平均气温 29.8 ℃,极端最高气温 40.5 ℃,1 月最冷,最低日平均气温 -6.6 ℃,极端最低气温 -22.3 ℃。

1.2.3　桥址处地质概况

本项目地势总体东高西低,全线大部分为平原区,地形简单,地势平坦、开阔,间有少量残丘。路线东段穿过丘陵地带,西段为冲洪积平原。桥梁跨南四湖工程场地地貌单元为湖积平原,场地周边地区地势起伏较小,地形平坦,较开阔,微地貌形态为河床、河漫滩等。区内大部分地段为农田及鱼塘,为 2008 年以前围湖造田所成。

南四湖形成受大地构造和自然地貌的控制,也受黄河长期泛滥的影响。南四湖湖西流域西北以黄河为界,西南以废黄河为界,东侧基本以京杭运河一线为界,湖西大堤分布在京杭运河的西侧,区内为黄河冲洪积平原区,濒湖岸常为冲积、湖积平原,远离湖岸为冲积平原,流域面积 21 600 km²。南四湖以西地貌类型为黄河冲洪积平原区。

南四湖东侧的低山丘陵区域区内地面高程 38~48 m,经过长期风化剥蚀,多以起伏不大的孤丘缓岭为主,山顶呈浑圆形,多呈馒头状,山坡较平缓,丘陵区呈放射状、花纹状水系,丘间谷底切割深度较小。地层主要以寒武系薄层泥岩、中厚层灰岩及鲕粒灰岩与泰山群混合花岗岩为主,区内存在露天采石坑。植被一般发育,岩体风化程度差异较大,碎屑岩强-中等风化,变质岩强-全风化。

南四湖湖西地势自西向东缓倾,海拔 33.0~50.0 m,地形较为平坦开阔,平缓微东倾,坡度 1/5 000~1/3 000,总体上为微倾斜低平原。南四湖湖区地势低洼,汇集四面来水。该区属华北地层区,地层自下而上有太古界泰山群,上元古界震旦系,太古界寒武系、奥陶系、石炭系、二叠系,中生界侏罗系、白垩系,新生界第三系和第四系松散层。其中,石炭、二叠系为该地区主要含煤岩系,湖西地区有大中型矿井数座。据调查,大沙河附近龙东煤矿、三河尖煤矿,采空区造成地表塌陷已对大沙河部分堤段构成一定影响,但现在地面沉降已基本稳定;徐庄矿、姚庄矿采空区造成地表塌陷已对湖腰段部分堤段构成一定影响。

在地调范围内,桥址区地层结构属于同一个工程地质单元:湖积作用为主、河流冲洪积为辅的洪积松散岩类工程地质区。场区内地层均属全新统冲洪积地层:岩性主要有褐黄色、黄褐色、褐灰色、灰黄色粉质黏土、粉土、黏土、细砂等四种类型,湖积成因的黏性土与粉土反复互层,局部夹细砂薄层。

根据特大桥所在区域钻探结果,结合区域地质资料分析,该区揭露深度内的地层以第四系全新统及奥陶系 O_2 石灰岩为主,主要岩性为粉质黏土、黏土、粉土、粉砂、细砂、含砂粉质黏土、碎石土、强风化石灰岩、中风化石灰岩。

1.2.4 现有水利工程及其他设施情况

拟建桥梁地处山东省济宁市境内,湖东跨越点在济宁市微山县两城镇黄山村与白沙村之间,此段无堤防,湖西跨越点在济宁市鱼台县张黄镇西王村南(湖西大堤桩号31+030),桥址附近现有水利工程主要有以下几处。

1.2.4.1 湖西大堤

拟建桥梁处湖西大堤桩号为31+030,是在湖西大堤一期工程基础上加高培厚而成的。湖西大堤堤防按防御1957年洪水标准设计,相应的穿堤建筑物的设计防洪标准与所在堤防相同。南四湖1957年洪水设计水位:上级湖为36.99 m,下级湖为36.49 m。

湖西大堤堤防为1级堤防,湖西大堤堤防超高均为3.0 m,堤顶高程为39.99 m,湖西大堤迎水坡坡比为1:4,背水坡坡比为1:3。

拟建桥梁处湖西大堤现状堤顶宽度为20.78 m,借助于南四湖湖西大堤加宽修筑的一条鱼台至济宁的观光车道,北起老运河口,南至鱼台县湖凌二路北首,全长37.472 km,鱼台县境内总长13.93 km。

湖西大堤龙拱河—惠河段进行了截渗处理,堤防截渗总长28.15 km。截渗墙采用水泥土搅拌桩截渗墙方案进行截渗。桥梁跨越处水泥土搅拌桩截渗墙沿现状湖西大堤距背水侧堤肩2.0 m处纵向布置。截渗墙顶高程38.5 m,底高程为堤基相对不透水层以下0.5 m。截渗墙的最小厚度不小于160 mm,渗透系数不大于 $A \times 10^{-6}$ cm/s。

南四湖特大桥跨越处位于上级湖,1957年洪水设计防洪水位为36.99 m。

1.2.4.2 湖东堤

湖东堤的起点为济宁市石佛村附近老运河东堤,终点为微山县郡山。根据地形条件,湖东堤分为五段,由北向南依次为:第一段自东石佛老运河东堤起经洸府河、泗河、白马河至青山,全长29.457 km,扣除支流河口宽,实际筑堤长27.729 km;第二段为青山至垞斛段,该段地形高,地面坡度较陡,不筑堤;第三段自垞斛起经界河、小龙河至北沙河右堤,全长16.724 km,扣除支流河口宽,实际筑堤长16.072 km;第四段自北沙河左堤起,经城郭河至二级坝,再由二级坝向南至新薛河右堤,该段为已实施段,全长46.36 km,扣除支流河口宽,实际筑堤长45.33 km;第五段自新薛河左堤起,经薛城大沙河、蒋集河至郡山接解放沟右堤,全长15.926 km,扣除支流河口宽,实际筑堤长15.32 km。湖东堤全部堤防总长108.462 km,扣除已实施段堤防长46.36 km 和支流河口宽2.986 km,设计共修筑堤防59.116 km。

南四湖特大桥跨越处位于第二段青山至垞斛,此段不筑堤。

1.2.4.3 湖内浅槽工程

湖内浅槽工程是沂沭泗河洪水东调南下续建工程的单项工程,设计洪水标准为50年一遇,上级湖为南阳水位 36.79 m,下级湖为微山水位 36.29 m。湖内浅槽工程是南四湖湖内清障行洪一期工程的续建工程,在一期工程竣工断面的基础上,在湖内 3 处典型卡口阻水段,南阳镇附近、下级湖坝下狭窄段、满口—二级坝卡口段布设 4 条浅槽。浅槽一位于南阳镇以西,浅槽二位于南阳镇以东,浅槽三位于二级坝以下,这 3 条浅槽在清障行洪一期工程的基础上续建。浅槽四位于满口—二级坝段。南四湖特大桥跨越浅槽一和浅槽二。

浅槽一,设计开挖底高程 30.79 m,挖宽 500 m,长度 8 km;浅槽二,设计开挖底高程 30.79 m,挖宽 500 m,长度 6 km。浅槽设计采用平底坡,梯形断面,边坡 1:3。

湖内浅槽工程为水下疏浚工程,弃土的堆置采用弃土区修筑围堰进行吹填的施工方式。考虑到湖内浅槽工程位于南四湖自然保护区内,为保护南四湖自然的湿地形态,尽量减少弃土对湿地生态系统的扰动,保护湖区生态物种,选用高弃土方案,浅槽一、二弃土设计高程为 37.5 m。

根据山东省水利厅批复的《南四湖湖内工程浅槽弃土布置调整方案》(鲁水勘〔2009〕41 号文)(山东省淮河流域水利管理局规划设计院,2009),原设计中浅槽一布置 4 个弃土区,全部布置在靠近湖西大堤的京杭运河东侧,本次调整后的弃土区共 6 个,全部位于南阳镇周边,弃土区的上游或下游均为南阳镇庄台。其中,弃土区 1 位于南阳镇北端的西侧鱼塘内;弃土区 2 和 3 相连,位于南阳镇东侧东庄台的取土坑内,借助于东庄台和南阳镇之间的死水区,以东庄台作为一侧挡水围堰,弃土区西侧和南阳镇之间留 60 m 宽的生活、生产航道;弃土区 4 和 5 位于南阳镇南端的西侧鱼塘内;弃土区 6 位于南阳镇南端的东侧。调整后的弃土区顶高程为 37.5 m,围堰顶高程为 38.5 m。

经现场调查核实,施工过程中的弃土位置和高程与原设计略有差别,实际弃土区位置和现状地面高程见图 1-2。

南阳互通式立交落地部分位于弃土区 2 范围内,南阳互通式立交落地部分现状高程为 37.10~40.30 m,现状土地利用方式为农地。

1.2.4.4　湖东滞洪区

南四湖湖东超标准洪水临时滞洪区是由水利部淮河水利委员会提出的新建滞洪区,湖东滞洪区位于南四湖湖东堤东侧,滞洪区建设范围是地面高程在 1957 年洪水位以下与湖东堤堤线之间的区域,包括:泗河—青山、界河—城郭河段 36.99 m(1985 国家高程基准)等高线以下,新薛河—郗山段 36.49 m 等高线以下,总滞洪面积 252.69 km²,滞洪总容量 3.72 亿 m³。共涉及济宁市的微山、邹城和枣庄市的滕州、薛城等 4 个县(市、区)209 个行政村,2013 年滞洪区总人口 27.15 万。

桥梁湖东跨越点位于两城镇黄山村与白沙村之间黄山村南 200 m,不在湖东滞洪区范围内。

1.2.4.5　白马河航道

白马河发源于邹城市北部黄山白马泉,流经曲阜市、兖州市、邹城市和微山县,全长 60 km。湖东白马河航道即太平港进港航道,此航道为太平港的配套工程。通航起讫地点东纪沟—京杭运河主航道,通航里程总计 39 km,现状航道等级为 V 级,规划等级为 III 级。

图1-2 弃土区位置和现状地面高程

白马河下游现状：河底高程 31.0 m，边坡 1:2.0，内堤距 350 m，河底宽 130 m，堤顶高程 37.80 m，顶宽 5 m，下游安全泄量 1 914 m³/s，防洪标准已达 20 年一遇，除涝标准达 3 年一遇，河道比降 1/20 000。湖区内白马河现状河底高程 28.0~29.0 m，河底宽 40 m，上口宽 60 m，两侧滩地种植杨树，滩地高程 34.0 m 左右。

1.2.4.6　南水北调东线输水渠道（京杭运河主航道）

根据国家计委和水利部 2002 年 9 月编制的《南水北调工程总体规划》，南水北调东线工程按照先通后畅、分期实施的原则，初步拟定分为三期实施：第一期工程，主要向山东和江苏省供水，工程规模为抽江 500 m³/s、入南四湖下级湖 200 m³/s、入上级湖 125 m³/s、入梁济运河 100 m³/s、入东平湖 100 m³/s、过黄河 50 m³/s、送胶东地区 50 m³/s；第二期工程，在一期工程基础上扩建，继续向北延伸送水线路，送水至河北东南和天津市，工程规模为抽江 600 m³/s、入南四湖下级湖 270 m³/s、入上级湖 220 m³/s、入梁济运河 200 m³/s、入东平湖 170 m³/s、过黄河 100 m³/s、送胶东地区 50 m³/s；第三期工程，在第二期工程的基础上扩建，继续扩大抽江和输水规模，增加沿线各省市供水量，工程规模为抽江 800 m³/s、入南四湖下级湖 425 m³/s、入上级湖 375 m³/s、入梁济运河 350 m³/s、入东平湖 325 m³/s、过黄河 200 m³/s、送胶东地区 90 m³/s。

目前，南水北调东线一期工程南四湖—东平湖段输水与航运结合工程已实施，南四湖上级湖自梁济运河河口（0+000）—南阳南（36+000）沿湖内航道已按输水 200~125 m³/s 和 80 m³/s 的要求进行疏浚，疏浚长度 36.0 km，设计输水航道底宽为 68 m，设计底高程为 29.3 m，设计边坡 1:5。

随着形势的发展，国家对南水北调东线工程的规划正在进行修订，根据《南水北调东线补充规划山东境内输水工程总体方案研究报告》初步成果，原规划二、三期工程进行合并实施，上级湖后续规划设计线路采用原输水河道扩挖，输水能力正在协调需水省区意见，输水断面扩挖方式尚未进行设计。

京杭运河是国家高等级航道，山东境内总长度为 589 km。山东段京杭运河济宁至二级坝枢纽微山船闸段现状为Ⅲ级航道。目前，京杭运河济宁至徐州（跃进沟河口至韩庄船闸）航道扩建工程可行性研究报告已通过行业审查，正处于报批阶段。根据该报告，本段航道在输水与航运结合工程的基础上进行设计，航道规划等级为Ⅱ级标准，设计航道底宽 63 m，设计底高程 28.8 m，设计最小水深 4 m，设计边坡 1:8。

1.2.4.7　京杭运河西航道

醋刘庄到二级坝 64 km，为上级湖湖西航道，1958~1959 年按Ⅱ级航道标准开挖，现淤为Ⅵ级航道。到目前为止，一直按Ⅵ级航道维护，可通航 100 t 级船舶，规划为Ⅲ级航道。现状航道底高程 30.3~32 m，河道宽 57 m，滩地高程 34 m 左右。

1.2.4.8　建筑物工程

拟建桥梁桥址附近有穿堤涵洞 3 座，其中灌溉涵洞 1 座、排涝涵洞 2 座。具体见表 1-1。

表 1-1　建筑物工程

序号	穿堤涵闸名称	所在地点	所在岸别	桩号	设计流量/（m³/s）	结构形式
1	陈店站引水涵洞	鱼台张黄	湖西大堤	27+950	4.0	混凝土方涵
2	陈店站排水涵洞	鱼台张黄	湖西大堤	27+950	4.0	混凝土方涵
3	西王站排水涵洞	鱼台张黄	湖西大堤	30+250	2.0	混凝土方涵

1.2.5　水利规划及实施安排

根据《沂沭泗河洪水东调南下续建工程实施规划（修订）》，提出东调南下续建工程中南四湖防洪标准为防御 1957 年洪水。目前东调南下续建工程已实施完成。

根据《淮河流域综合规划》，近期（2020 年）南四湖上级湖湖西大堤及湖东堤特大矿区段，防洪标准达到防御 1957 年洪水，设计水位 36.99 m；南四湖上级湖湖东堤其他段，防洪标准达到 50 年一遇，设计水位 36.79 m。远期（2030 年），南四湖上级湖湖西大堤及湖东堤特大矿区段，防洪标准达到 100 年一遇，设计水位 36.99 m；南四湖上级湖湖东堤其他段，防洪标准达到 50 年一遇，设计水位 36.79 m，南四湖堤防不再加高。

根据《山东省淮河流域综合规划》，南四湖近期（2020 年）防洪标准达到 50 年一遇～防御 1957 年洪水，远期（2030 年）防洪标准达到防御 1957 年洪水（相当于 100 年一遇）。

根据《沂沭泗河洪水东调南下续建工程南四湖湖内工程初步设计报告》，湖内工程主要有湖内浅槽工程和泗河治理工程，现均已经实施完成。

根据《南水北调东线补充规划山东境内输水工程总体方案研究报告》，上级湖远期规划设计线路拟采用原输水河道扩挖，仍在建设方案论证阶段，未实施。

1.3　南四湖演变

1.3.1　历史演变概况

南四湖的形成是内营力、外营力以及人为活动共同作用的结果。随着地壳的强烈运动，峄山断裂以西、嘉祥断裂以东的南北狭长地带持续下降，形成断裂凹陷区，经东、西部河流搬运堆积，这一区域从南至北出现若干湖沼和浅平洼地，奠定了南四湖形成的地质地貌基础。早更新世（200 万年前），华北平原形成，南四湖区域即有远古湖泊，比今南四湖面积大。中晚更新世（25 000 年前），华北平原江河流域基本形成，古湖泊消失。古泗水自泗水、曲阜、兖州流经鲁桥、南阳、谷亭、沛县东，南下注入淮河，至宋代未变。

自南宋光宗绍熙五年（1194 年）到清咸丰五年（1855 年）660 多年间，黄河长期夺泗入淮，洪水泛滥，造成泗、淮淤塞，河床抬高，入淮洪水受阻积滞，泥沙淤积抬高了西部平原地面高程，再加上漕运河道被迫东迁，使水系紊乱，东、北、西三面的河道来水潴积于泗水东岸的洼地里，逐渐形成湖泊。

南北朝至隋代,兖州以南低洼地区有湖沼分布。元代,在沛县东、泗水左岸有山阳湖(亦称"刁阳湖",后演变为"昭阳湖")。至元末,济宁以南形成了孟阳泊,后来演变为南阳、独山两湖。昭阳湖以南出现了赤山、微山、吕孟、张庄、郗山 5 个相连的小湖。

1567 年,开南阳新河后,新河将孟阳泊中分为二,西为南阳湖,东为独山湖。1605年,河新运道建成,运道东移,赤山、微山、吕孟、张庄、郗山 5 个湖合为一个大湖,统名为微山湖。清同治年间,四湖相连,统称南四湖(微山湖)。

1.3.2　近期演变分析

南四湖区域原系古泗水流经之地。12 世纪黄河南泛侵夺了泗水河道,排水不畅,潴积成湖。湖泊北高南低,东西宽 5~20 km,南北长约 120 km,湖区面积约 1 300 km²,储水量 60 多亿 m³。环湖大小支流汛期洪水汇集后,南出韩庄运河与不牢河泄入中运河。1949 年前滨湖地区水旱灾害严重。1949 年后对南四湖的堤防、湖腰、出口及滨湖地区陆续进行了整治,水利状况明显改善。

南四湖周边地形低洼,20 世纪 40 年代南四湖堤身低矮、单薄、残缺不全,防御洪水灾害的能力很低。1957 年大水南四湖地区遭到毁灭性的灾害,同年 12 月水利部技术委员会编制了《沂沭泗河流域规划初步修正成果及 1962 年以前工程意见(草案)》,安排在 1962 年以前实施的工程有修筑湖西湖堤,为此苏、鲁两省于 1958~1959 年结合京杭运河开挖,全面培筑了南四湖湖西大堤,北起山东省济宁市境内的石佛,南至江苏省徐州市境内的蔺家坝。湖西大堤是南四湖湖西地区的重要保护屏障,保护人口 480 万和耕地 497 万亩。

1991 年《国务院关于进一步治理淮河和太湖的决定》(以下简称《决定》)确定"续建沂沭泗河洪水东调南下工程,'八五'期间达到 20 年一遇的防洪标准,'九五'期间达到 50年一遇的防洪标准"。1991 年淮委编制了《沂沭泗河洪水东调南下近期工程可行性研究报告》(可研报告由《沂沭泗河洪水东调南下工程复工报告》和《中运河近期扩大工程可行性研究报告》组成),1993 年国家计委以计农经〔1993〕1591 号文《关于审批沂沭泗河洪水东调南下工程可行性研究报告的请示》上报国务院,并经国务院同意实施。目前近期工程建设已基本完成。

为更好地发挥东调南下工程整体效益,保障区内人民生命财产安全和经济社会的可持续发展,国务院办公厅转发了《关于加强淮河流域 2001~2010 年防洪建设的若干意见》,明确提出"沂沭泗河洪水东调南下工程,应在一期工程基本完成的基础上,抓紧实施二期工程"。

为了统筹做好沂沭泗河洪水东调南下续建工程和南水北调东线一期工程前期工作,加快两项工程的建设步伐,2003 年 4 月水利部和江苏、山东在北京召开省部联席会议,对沂沭泗河洪水东调南下续建工程进行了统筹安排。根据省部联席会议纪要和水利部部署,中水淮河规划设计研究有限公司编制了《沂沭泗河洪水东调南下续建工程实施规划》。2003 年 6 月水利水电规划设计总院在北京召开会议对《沂沭泗河洪水东调南下续建工程实施规划》进行了审查,根据修改意见,中水淮河规划设计研究有限公司于 2003 年9 月完成了《沂沭泗河洪水东调南下续建工程实施规划(修订)》(以下简称《实施规划》),提出南四湖湖西大堤按防御 1957 年洪水标准进行续建。

按照水利部淮河水利委员会的安排,2006年6月编制完成了《沂沭泗河洪水东调南下续建工程南四湖湖西大堤加固工程可行性研究报告》。为加快南四湖湖西大堤加固工程建设步伐,根据水利部工作安排,对2006年度具备实施条件的堤段先行建设。2007年10月,编制完成了《沂沭泗河洪水东调南下续建工程南四湖湖西大堤加固工程初步设计报告》。

湖东堤除石佛至青山有正式堤防外,青山至界河长19 km为两城山区,地面高程较高,界河至韩庄长80 km没有正式堤防。上、下级湖蓄水后,为减少湖水侵害,沿湖群众自1964年起,便自发地不断修筑挡水生产堤。1966年,微山、滕州、邹城群众将界河至二级坝各段小生产堤连接起来,加高培厚,形成弯曲相连的生产堤。下级湖生产堤也大多培筑于1964~1969年,由于没有统一规划,施工队自行施工,以致堤身走线弯曲,留有较多较长的缺口,实际上挡水能力很低。进入80年代以来持续干旱,湖水位连年偏低,生产堤部分被垦殖,丢失了最基本的防洪能力。为保障湖东地区人民群众生命财产安全和国家利益不受损失,山东省水利厅以鲁水建字〔1999〕32号,批准兴建微山县城及湖东工矿区防洪一期工程,由微山县承担建设任务。该工程北起留庄乡北沙河,南至昭阳乡新薛河,全长45.6 km,总投资1.168亿元,其中省以上投资8 500万元,其余部分由市县自筹解决。设计堤顶高程39.5 m,堤顶宽6 m,内外边坡1:3,工程标准为国家大型二级堤防。

为提高湖区行洪能力,采取在阻水区段内,打开湖内行洪通道,从而加快洪水泄量,降低南四湖水位。为此,淮河水利委员会以淮委规计字〔1998〕16号文批复了国家重点投资建设的大型防洪工程,工程建设任务在微山县境内。济宁市于1998年12月至2000年4月对上级湖清障行洪道进行了施工。工程位于南阳岛卡口段,沿南阳岛东西各布设一条,向下游延伸,东、西行洪道长度分别为4.8 km和7.0 km,行洪道宽200 m,底高程32.0 m,行洪道平均下挖约0.8 m,所挖弃土堆放在20个堆土区内,其中南阳东4个、南阳西7个、下级湖9个。

2009年,根据水利部《关于沂沭泗河洪水东调南下续建工程南四湖内工程初步设计报告的批复》(水总〔2007〕520号文),以及山东省水利厅《关于南四湖湖内工程施工图设计的批复》(鲁水勘字〔2008〕8号文),在一期工程竣工断面的基础上,在湖内3处典型卡口阻水段,南阳镇附近、下级湖坝下狭窄段、满口至二级坝卡口段布设4条浅槽。浅槽一位于南阳镇以西,浅槽二位于南阳镇以东,浅槽三位于二级坝以下,这3条浅槽在清障行洪一期工程的基础上续建。其中浅槽一位于南阳镇以西,设计开挖底高程30.79 m,挖宽500 m,长度8 km;浅槽二位于南阳镇东侧,设计开挖底高程30.79 m,挖宽500 m,长度6 km;浅槽三位于下级湖大捐浅滩段,设计开挖底高程29.79 m,挖宽500 m,长度14.0 km;浅槽四位于上级湖满口至二级坝段,设计开挖底高程30.79 m,挖宽500~800 m,长度13.0 km。浅槽设计采用平底坡,梯形断面,边坡1:3。

1.3.3　未来演变分析

中华人民共和国成立后,南四湖经过了多次大规模治理,修建大堤,开挖运河,疏浚深槽泄洪。通过东调南下一、二期工程的治理,基本理顺了堤防走向,湖区流势趋于稳定,东调南下一期工程实施以来的实际情况表明,拟建桥位处湖区河床基本没有横向摆动,湖区主河槽冲淤相对平衡。

南四湖湖区航道为人工渠化河道,有专门的河道管理机构。目前,3个航道均计划进行扩挖整治,提高航道等级,过水能力有所提高,但在正常运行管理的情况下,河势基本不会发生变动。南水北调工程实施以后,上级湖经过疏浚扩宽后,水流的流速、流向更加顺畅,预计未来河道不会产生变迁,河槽稳定。

南四湖未来的演变,仍取决于人们对湖区的治理活动。随着社会的发展、经济实力的增强,人们对湖区的防洪除涝安全要求不断提高。湖区清淤,堤防加高培厚,使湖区控导洪、涝水排泄,制止湖区平面摆动的能力增强。湖区过水断面增大后流速减小,河床更加趋于稳定。今后长时间内,湖区仍将在人为因素的影响下进行局部变化,不会出现大的平面位移与河底下切。而且随着治理措施的进一步合理,湖区会更加稳定。

1.4　防洪评价计算

1.4.1　水文分析计算

1.4.1.1　防洪标准

南四湖特大桥的水文分析计算内容主要是桥址断面处南四湖防洪标准下的水位和流量。主要依据流域防洪规划、相关工程实施规划,并参照相关设计报告的规划成果,加以合理性分析后确定。

南四湖及其支流是沂沭泗流域的一部分,沂沭泗流域设计洪水自20世纪50年代以来,做过4次分析计算:第一、二次老淮委与水利电力部淮河规划组1955年、1965年分析计算成果;第三次1977~1980年《沂沭泗河流域骆马湖以上设计洪水报告》计算成果(以下简称"80年成果");第四次1993~1994年(以下简称"94年成果")分析计算成果。由于湖东山区有多座大型水库,湖西各支流上建有许多闸坝,对洪水(特别是中小洪水)产汇流影响明显,洪水还原计算十分复杂,短期内难以采用常规的方法进行系列延长。

1971年国务院治淮规划小组提出的《关于贯彻执行毛主席"一定要把淮河修好"指示的情况报告》及附件《治淮战略骨干工程说明》中进一步确定沂沭泗流域的防洪标准为:南四湖防御1957年洪水,沂沭河防御50年一遇洪水,中运河、新沭河、新沂河、骆马湖防御100年一遇洪水。其总体布局是:扩大沂沭河洪水东调入海和南四湖洪水南下的出路,使沂沭河洪水尽量就近由新沭河东调入海,腾出骆马湖、新沂河部分蓄洪、排洪能力接纳南四湖南下洪水,简称沂沭泗河洪水"东调南下"工程。

根据2000年淮委组织编制的《沂沭泗河洪水东调南下二期工程可行性研究报告》,中水淮河规划设计研究有限公司2003年编制的《沂沭泗河洪水东调南下续建工程实施规划(修订)》和2009年7月编制的《南四湖湖西大堤加固工程初步设计报告》,均确定南四湖及湖西大堤防洪标准为防御1957年洪水。根据《淮河流域综合规划》,远期(2030年),南四湖上级湖湖西大堤及湖东堤特大矿区段,防洪标准达到100年一遇。本次评价采用南四湖防洪标准为防御100年一遇洪水,桥梁跨越区洪水位为36.99 m。

根据桥梁设计部门提供的资料,南四湖特大桥设计洪水标准为300年一遇;南阳互通式立交收费站设计洪水标准为50年一遇,设计水位36.79 m。

南四湖300年一遇洪水位短期内难以采用常规的方法进行计算,桥址处湖西大堤堤顶高程39.99 m,距离桥址上游5.0 km处的湖东堤设计堤顶高程39.29 m,且湖东湖西大堤均为不允许越浪堤防。当发生区域300年一遇洪水时,上游入湖河道均产生漫堤,洪水入湖速度大为降低;受湖内高水位顶托,湖西平原区入湖河道洙水河、洙赵新河、万福河、老万福河、惠河、东鱼河等洪水均滞留于湖西大堤以外的低地,洪水不可能产生漫堤,水位应低于湖西大堤顶一定高度。经综合分析,并咨询有关专家,桥址处采用湖西大堤堤顶高程降低0.5 m作为分析评价的洪水位,即39.49 m。

1.4.1.2 设计洪水

南四湖设计洪水统一采用"80年成果"。南四湖洪水调节性能与一般湖泊不同,既具有湖泊蓄水调节的能力,又似一条大平原河道,具有河流的性能。因此,南四湖洪水演算模型的建立及其合理性将成为影响调洪计算准确性和精确度的关键性因素。20世纪60年代,有专家提出把南四湖概化为"三湖两河"进行洪水调算,几经演变,经过几代人的努力,形成了南四湖调洪演算图解法,该方法把整个南四湖划分为南阳、独山和昭阳(简称独昭)、微山三个串联湖泊,三湖之间中泓里程桩号12~34K、42~94K窄浅段作为平原河道连接,并以王堰、石口、微山站水位分别代表三湖水位。三湖间水量交换通过不考虑河槽调蓄作用的恒定流计算得到的 $H_上 \sim D_上 \sim H_下$ 关系模拟。

1. 洪水演算条件

(1)以100年一遇洪水过程为典型年。

(2)南四湖滨湖地区地势低洼,来水不能直接进入河道或入湖,主要利用机电排灌站提排入湖,排水模数 $q = 0.4 \ m^3/km^2$。

(3)南四湖湖内情况复杂,糙率依据以往引水测验调查、实测资料分析得到。

(4)韩庄枢纽的调度运用办法。南阳湖和独昭湖起调水位34.2 m,微山湖起调水位32.5 m。50年一遇洪水条件下,韩庄闸控制下泄,使中运河运河镇流量不超过设计标准(初步拟定运河镇水位26.5 m,流量6 500 m^3/s)。

2. 洪水入流过程还原

由于南四湖汇流区域情况复杂,14条入湖理想过程线无法适时全部入湖,须在滨湖来水、河道安全泄量、南四湖洪水顶托等方面进行处理,使之成为实际入湖过程,参与南四湖洪水演算。

3. 湖内大断面水位、流量计算

虽然多年的实践表明"三湖两河"模型的适用性较好,但实际上将整个湖区简单概化为三个串联湖泊仍然存在不足。结合近年来河网水流计算的发展趋势,由于南四湖湖形狭长,近似于河道型水库,可考虑对整个湖区采用完全水力学模型进行调洪演算。即将湖区概化为若干连续相接的一维河段,运用树状河网的思想,建立南四湖水动力模型,并编制以圣维南方程组为基础的南四湖水动力学仿真计算程序,进而运用 Preiss mann 四点隐式差分格式求解各控制断面水位和流量。

模型采用河网计算的思想,无须利用辅助曲线,即可求得1957年典型洪水,上级湖各个大断面的水位、流量过程。

1.4.1.3　模型建立

南四湖特大桥位于南四湖大断面 26K 左右处,按照传统的一维水力学模型只能得到特大桥所在 26K 断面的平均水位与流量,无法进一步对行洪浅槽、航道、南阳岛等细部进一步评价。为了能准确反映工程对湖内行洪能力影响,本书采用沂沭泗河洪水东调南下工程的规划成果,利用 2000 年测绘的南四湖 1∶10 000 水下地形,结合桥梁设计单位测绘的 1∶5 000 带状地形图,选取湖内 23K—29K 断面的湖区作为模型上、下游边界;利用 DHImike21 软件,建立二维非恒定流水力学数学模型,分析桥墩对湖区水位、流速等参数的影响。模型左边界为湖西大堤堤防,模型右边界为湖东堤;另外,模型上游设置白马河入流边界,见图 1-3。

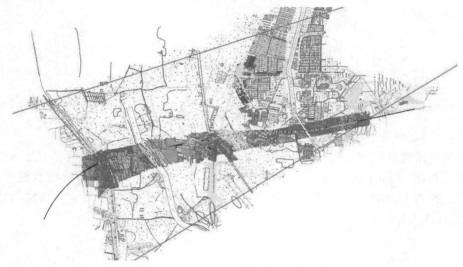

图 1-3　南四湖特大桥周边二维模型范围

水下地形利用 2000 年测绘的南四湖 1∶10 000 水下地形,结合桥梁设计单位测绘的 1∶5 000 带状地形图,对 1∶10 000 水下地形图航道及行洪道区域高程进行了修正,见图 1-4 和图 1-5。

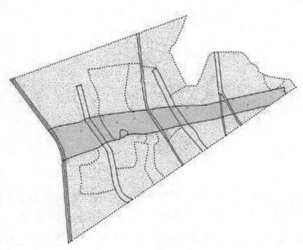

图 1-4　湖内提取散点

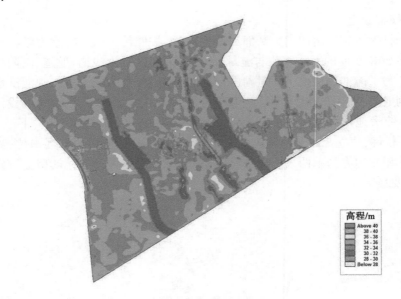

图 1-5　模型高程分布

1.4.1.4　网格划分及建筑物概化

对整个研究区域划分网格,其中对局域区域进行加密处理,最小网格 0.2 m²,总计 37 481 个网格,见图 1-6。根据设计图纸对南四湖的大桥桥墩和沉淀池等进行概化,水域内共布设桥墩 1 148 个、沉淀池 7 个,桥墩直径为 1.3~8.2 m,按照真实建筑物尺寸进行建模,见图 1-7。

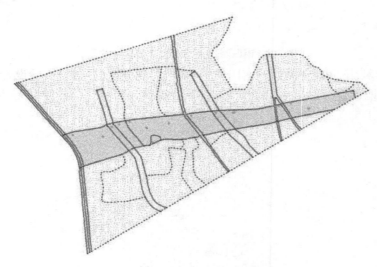

图 1-6　模型网格划分

1.4.1.5　边界条件

计算条件采用沂沭泗河洪水东调南下工程湖内工程规划数据,采用 100 年一遇典型洪水计算,利用"三湖两河"模型及"树状河网"模型,根据对防洪最不利原则确定二维模型上、下游边界条件。上游边界:23K 断面处湖区流量为 3 600 m³/s,白马河流量为 400

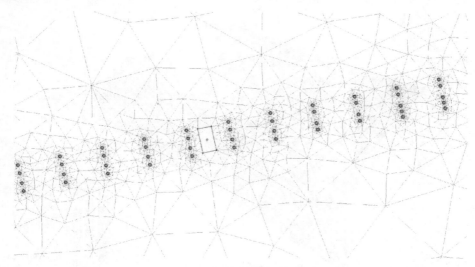

图 1-7　模型中桥墩概化图

m^3/s,下游边界:29K 断面处水位 36.8 m。糙率与地面的粗糙程度及地表阻水特征有关。根据湖内的深槽、湖草、地物、芦苇等分类,分别选取不同的糙率值,糙率采用历史行洪测验成果。

　　根据以上边界条件,分别对工程前工况和工程后工况进行模拟。

1.4.1.6　模型水力参数计算分析

　　针对工程建设湖区整体和局部流场的影响进行分析。通过二维水动力学模型,分别计算工程前后两种工况下工程区域内的整体流场分布,提取指定位置的流量、流速及水位参数,区域内水深分布见图 1-8,流速分布见图 1-9 和图 1-10。

图 1-8　工程建成后区域整体水深及流向分布

21

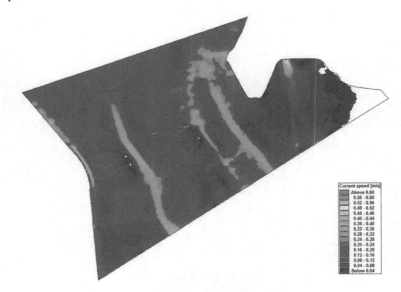

图 1-9　工程建成后区域整体流速分布

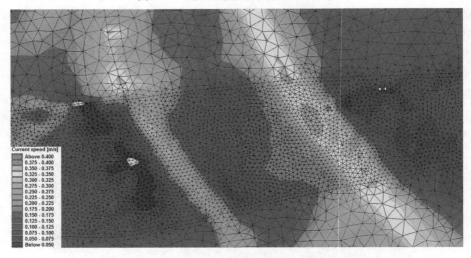

图 1-10　工程建成后主航道、西行洪道流速分布

从以上流场计算成果可以看出：

（1）100 年一遇年洪水工况南四湖行洪时，由于水位提高，湖区行洪水面范围较大，且受制于下游工程流量控制，湖内流速较为缓慢，航道、浅槽等过水通道内流速相对较大。

（2）工程阻水面积相对湖区过水断面面积来说较小，工程前后对湖内整体流速、水位变化影响较小。

1.4.2　壅水分析

根据南四湖的实际情况，仅对南四湖特大桥 100 年一遇洪水的阻水、壅水、冲刷进行分析计算，并据此对南四湖特大桥进行评价。300 年一遇洪水水位仅作为对桥梁梁底高程进行定性评价的指标。

南四湖特大桥建成后,受桥墩和沉淀池等建筑物的阻水影响,桥位处河道的行洪条件将会产生一定的变化,断面过水面积减小,从而造成桥梁上游水位产生一定的壅高。该主线桥在湖内共布置了桥墩 232 排、933 个,引桥桥墩直径有 1.6 m 和 1.8 m,航道桥墩直径有 2.5 m、2.7 m、3.0 m 和 8.2 m。南阳互通式立交匝道共布置桥墩 76 排、208 个,匝道桥墩直径有 1.3 m 和 1.4 m。

100 年一遇洪水情况下,针对工程建设前后两种工况,分析南四湖特大桥上游 5 m、25 m、50 m 断面处水位、流速、流量参数变化情况。

1.4.2.1　流量及流速变化分析

以上游 5 m 断面为例,分别计算工程建成前后南四湖特大桥上游断面各部分的流量及流速分布,见表 1-2。可见,工程建成后对流量及流速影响较小。

表 1-2　典型断面流量及流速分布

工况	项目	南四湖特大桥上游 5 m 处断面										
		京杭运河西航道	京杭运河西航道—西行洪道	西行洪道	西行洪道—京杭运河主航道	京杭运河主航道	京杭运河主航道—东行洪道	东行洪道	东行洪道—白马河航道	白马河航道	白马河航道—湖东堤	合计
现状工况	流量/(m³/s)	135.88	438.56	783.86	719.57	223.54	96.16	985.94	251.14	46.85	318.47	4 000.0
	流速/(m/s)	0.18	0.14	0.24	0.14	0.29	0.17	0.20	0.07	0.13	0.06	
工程实施后	流量/(m³/s)	134.46	438.32	785.55	718.00	238.42	85.20	972.1	237.59	40.68	349.66	4 000.0
	流速/(m/s)	0.19	0.12	0.24	0.14	0.29	0.17		0.07	0.12	0.05	

1.4.2.2　阻水分析

根据二维水动力学模拟成果,在南四湖大桥上游 5 m 处截取大断面,分析桥梁对断面过流阻水作用。

(1)工程建成前,该断面处水位为 36.85 m 时,过水面积为 38 410 m²。

(2)工程建成后,该断面处水位为 36.85 m 时,桥梁阻水面积约为 1 497 m²,桥梁阻水面积比约为 3.90%。

1.4.2.3　壅水分析

100 年一遇洪水情况下,拟建工程在桥墩前 5~50 m 处的大断面引起的壅水变化在 0.001~0.003 m 以内。工程引起水位和流速变化的范围局限在工程附近 50 m 范围内,因此,工程建设对上游水域行洪影响较小。桥址处典型断面壅水成果见表 1-3。

表 1-3　桥址处典型断面壅水成果　　　　　　单位:m

项目	南四湖特大桥上游 5 m 处断面									
	京杭运河西航道	京杭运河西航道—西行洪道	西行洪道	西行洪道—京杭运河主航道	京杭运河主航道	京杭运河主航道—东行洪道	东行洪道	东行洪道—白马河航道	白马河航道	白马河航道—湖东堤
现状水位	37.034	36.847	36.841	36.833	36.827	36.826	36.825	36.815	36.810	36.811
工程后水位	37.037	36.849	36.842	36.834	36.829	36.826	36.826	36.816	36.812	36.812

1.4.3　对库容的影响分析

南四湖特大桥桥墩和南阳互通式立交位于库区中,桥墩、沉淀池、收费站及办公区将挤占部分水库库容,经计算,共占用库容约 29 377 m³,100 年一遇洪水对应的上级湖总库容为 25.2 亿 m³,占总库容的 1.2/10 万,对南四湖上级湖总库容影响不大。

1.4.4　冲刷与淤积分析

天然状况下,由于流域的来水、来沙及河床边界条件的不断变化,河床形态总是处在不断的冲淤变化过程之中。但在相当长的一个时段内,冲淤量可以相互补偿,河道处在一个相对的动态平衡状态。河道上建桥后,破坏了原有的这种平衡状态,桥梁压缩水流,致使桥下流速增大,水流挟沙能力增强,在桥下产生冲刷。随着冲刷的发展,桥下河床加深,过水面积加大,流速逐渐下降;待桥下流速降低到河床土质的允许不冲刷流速时,河道内达到新的输沙平衡状态,冲刷停止。

桥梁墩台附近河床床面总的冲刷深度,应是河床演变、一般冲刷和局部冲刷深度的总和。实际上,在桥位河段冲刷过程中,上述三种原因引起的冲刷是交织在一起同时进行的。为了便于分析和计算,本次计算时将三种冲刷深度分别分析确定,再叠加起来。对于河床的自然演变冲刷,目前尚无可靠的计算方法,且短时间内变化较小,可忽略,在此只对一般冲刷和桥墩局部冲刷进行分析计算。计算时假定局部冲刷是在一般冲刷完成的基础上进行的。

现状断面河床为黏土或者粉质黏土,根据《公路工程水文勘测设计规范》(JTG C 30—2015)中的有关规定,对于黏性土河床采用下式进行冲刷计算。

1.4.4.1　一般冲刷计算

1. 河槽部分

桥下一般冲刷后的最大水深的计算公式为

$$h_{\mathrm{p}} = \left[\frac{A_{\mathrm{d}} \dfrac{Q_2}{\mu B_{\mathrm{ej}}} \left(\dfrac{h_{\mathrm{cm}}}{h_{\mathrm{cq}}} \right)^{5/3}}{0.33 \left(\dfrac{1}{I_{\mathrm{L}}} \right)} \right]^{5/8} \tag{1-1}$$

式中 h_{p}——桥下一般冲刷后的最大水深，m；

A_{d}——单宽流量集中系数，取 1.0～1.2，本项目均取 1.1；

Q_{2}——桥下河槽部分通过的设计流量，m^{3}/s，当河槽能扩宽至全桥时，取用设计流量 Q_{p}；

I_{L}——冲刷坑范围内黏性土液性指数，适用范围为 0.16～1.19，本项目均取液性指数平均值；

h_{cm}——河槽最大水深，m；

h_{cq}——桥下河槽平均水深，m；

μ——桥墩水流侧向压缩系数；

B_{cj}——桥孔过水净宽，m。

2. 河滩部分

$$h_{p} = \left[\frac{\dfrac{Q_{1}}{\mu B_{tj}} \left(\dfrac{h_{tm}}{h_{tq}} \right)^{5/3}}{0.33 \left(\dfrac{1}{I_{L}} \right)} \right]^{6/7} \tag{1-2}$$

式中 Q_{1}——桥下河滩部分通过的设计流量，m^{3}/s；

h_{tm}——桥下河滩最大水深，m；

h_{tq}——桥下河滩平均水深，m；

B_{tj}——河滩部分桥孔净长，m；

μ——桥墩水流侧向压缩系数；

I_{L}——冲刷坑范围内黏性土液性指数，适用范围为 0.16～1.19。

1.4.4.2 墩台局部冲刷计算

当 $\dfrac{h_{p}}{B_{1}} \geqslant 2.5$ 时，

$$h_{b} = 0.83 k_{\xi} B_{1}^{0.6} I_{L}^{1.25} V$$

当 $\dfrac{h_{p}}{B_{1}} < 2.5$ 时，

$$h_{b} = 0.55 k_{\xi} B_{1}^{0.6} h_{p}^{0.1} I_{L}^{1.0} V$$

$$V = \frac{0.33}{I_{L}} h_{p}^{3/5} \quad （河槽） \tag{1-3}$$

$$V = \frac{0.33}{I_{L}} h_{p}^{1/6} \quad （河滩） \tag{1-4}$$

式中 h_{b}——桥墩局部冲刷深度，m；

k_{ξ}——墩形系数；

B_{1}——桥墩计算宽度；

I_{L}——冲刷坑范围内黏性土液性指数，适用范围为 0.16～1.48；

V——一般冲刷后墩前行近流速，m/s；

h_p——桥下一般冲刷后的最大水深,m。

选取典型断面进行计算,计算成果见表 1-4。

表 1-4　南四湖特大桥冲刷计算成果　　　　　单位:m

桥名	项目		现状断面		
			一般冲刷	局部冲刷	合计
南四湖特大桥	南阳镇东浅槽冲刷深度	1%	不冲刷	0.11	0.11
	南阳镇西浅槽冲刷深度	1%	不冲刷	0.13	0.13
	京杭运河西航道冲刷深度	1%	不冲刷	不冲刷	不冲刷
	京杭运河主航道冲刷深度	1%	不冲刷	不冲刷	不冲刷
	白马河航道冲刷深度	1%	不冲刷	不冲刷	不冲刷
	滩地冲刷深度	1%	不冲刷	0.10	0.10

南四湖年平均淤积量约 135 万 m^3,湖区淤积主要集中在入湖支流河口。自湖区航道开挖以来,河道的演变趋势主要以淤积为主。且汛期行洪时湖区水面面积和水深较大,流速缓慢,只有滩地布置桥墩附近会有很小的局部冲刷。

1.4.5　桥梁梁底高程复核

根据《公路工程水文勘测设计规范》(JTG C30—2015)相关规定,不通航河流的桥面最低高程应按下式计算:

$$H_{min} = H_s + \sum \Delta h + \Delta h_j + \Delta h_0 \tag{1-5}$$

式中　H_{min}——桥面最低高程,m;

　　　H_s——设计水位,m;

　　　$\sum \Delta h$——考虑壅水、浪高、波浪壅高、河湾超高、水拱、局部股流壅高(水拱与局部股流壅高只取其大者)、床面淤高、漂浮物高度等诸因素的总和,m;

　　　Δh_j——桥下净空安全值,m;

　　　Δh_0——桥梁上部构造物高度,m,应包括桥面铺装高度。

通航河流的桥面设计高程除应满足不通航河流的要求外,尚应符合下列要求:

$$H_{min} = H_{tn} + H_M + \Delta h_0 \tag{1-6}$$

式中　H_{tn}——设计最高通航水位,m;

　　　H_M——通航净空高度,m。

根据《南四湖湖西大堤加固工程初步设计报告》,南四湖特大桥桥址处风壅水面高度取 0.19 m,$\sum \Delta h$ 取 0.50 m。根据相关规范,Δh_j 取 0.50 m。根据水文分析计算,南四湖特大桥 300 年一遇设计水位取 39.49 m,因此南四湖特大桥航道外最低梁底高程不应低于 40.49 m。

根据《日照(岚山)至菏泽公路枣庄至菏泽段工程跨南四湖特大桥项目航道条件与通航安全影响评价报告》,南四湖特大桥所跨 3 个航道,设计最高通航水位为 36.3 m,净空高度取值均采用 7.0 m,通航孔布置为矩形,要求在通航净空范围内,桥梁最低点的高程不得低于 43.30 m。

根据设计单位提供的资料:航道外最低梁底高程为 40.60 m,3 个航道通航净空范围内最低梁底高程为 46.405 m,满足规范要求。

1.5　防洪综合评价

1.5.1　与有关规划的关系及影响分析

沂沭泗河洪水东调南下续建工程实施后,桥址处南四湖湖西大堤防洪标准已经达到 1957 年洪水标准,已经满足近期规划要求。桥址处湖西大堤远期规划防洪标准为 100 年一遇,设计水位同 1957 年洪水,堤防也不再加高,因此桥梁建设不影响湖西大堤远期规划的实施。

桥梁跨越湖内浅槽处,工程规划已经实施完毕,经了解,湖内浅槽投入运行以来并未大范围淤积,短期内不需清淤。桥梁工程的建设会对今后的浅槽清淤等治理造成一定影响,但影响不大。

拟建桥位处跨越南水北调东线输水通道,现状输水断面底宽为 68 m,上口宽约 150 m,底高程为 29.3 m,满足设计 125 m³/s 流量要求;根据《南水北调东线补充规划山东境内输水工程总体方案研究报告》,上级湖后续规划设计线路采用原输水河道扩挖,输水能力正在协调需水省区意见,输水断面扩挖方式尚未进行设计。

本次评价暂按原《南水北调工程总体规划》入南四湖上级湖 375 m³/s 进行分析,因桥梁跨越处西侧为南阳岛,不具备扩挖条件,输水渠道只能向东扩,输水渠道断面按京杭运河主河道设计底高程 28.8 m,设计水位维持现状输水水位,设计边坡 1:5,则输水渠底宽约 200 m,上口宽约 266 m。此处桥梁跨径为 210 m 的双塔斜拉桥,扩挖时 138 号桥墩将位于过水断面内,桥梁建设对南水北调东线远期输水规划的实施有一定影响,建议主线桥 138 号桥墩承台高程按低于 28.8 m 考虑或采取后期围护措施。

1.5.2　与现有防洪标准、有关技术和管理要求的适应性分析

拟建南四湖特大桥按 300 年一遇防洪标准设计,桥梁所在南四湖规划防洪标准为 100 年一遇洪水,桥梁的洪水标准高于南四湖的规划防洪标准。因此,桥梁的洪水标准适当。

根据《堤防工程设计规范》(GB 50286—2013)第 10.4.1 条规定,桥梁、渡槽、管道等跨堤建筑物、构筑物,其支墩不应布置在堤身设计断面以内。根据桥梁设计方案,南四湖特大桥桥墩布置在堤身有效断面以外,符合规范要求。但桥梁桥墩布置距大堤坡脚较近,245 号桥墩桩承台位于大堤背水坡截渗沟处,桥梁施工时可能会对大堤产生影响,应注意加强施工时对大堤的管理保护和施工结束后对桥址处大堤上下游的恢复处理。

根据《堤防工程设计规范》(GB 50286—2013)第 10.4.2 条规定,跨堤建筑物、构筑物与堤顶之间的净空高度应满足堤防交通、防汛抢险、管理维修等方面的要求。拟建桥梁通

过立交方式跨越河道堤防,根据《公路工程技术标准》(JTG B01—2014)规定,跨越三级及以下等级公路,其桥下净空一般不应小于4.5 m。根据桥梁布置方案,南四湖特大桥湖西大堤梁底最低净高为7.17 m,符合规范要求。

根据《公路桥涵设计通用规范》(JTG D60—2015)第3.2.3条规定:桥梁轴线宜与洪水主流流向正交。对通航河流上的桥梁,其墩台沿水流方向的轴线应与最高通航水位时的主流方向一致。当斜交不能避免时,夹角不宜大于5°。

根据《日照(岚山)至菏泽公路枣庄至菏泽段工程跨南四湖特大桥项目航道条件与通航安全影响评价报告》,拟建桥梁轴线与白马河航道夹角85°,与京杭运河主航道夹角68°,与上级湖湖西航道夹角78°,桥梁轴线的法线方向(墩台轴线与桥梁基本垂直)与水流流向的夹角为白马河5°、京杭运河22°、上级湖湖西航道12°,由于湖区内水流流速较小,桥位处基本没有横向流速,桥梁轴线布置满足航道通航要求。

1.5.3　对行洪安全的影响分析

桥梁的建设对河道行洪安全的影响分为施工期和运行期。

1.5.3.1　施工期

根据施工组织设计,桥梁计划总工期40个月。根据施工流程,对湖区行洪不利的环节主要有桥墩和钻孔灌注桩施工、钢板桩围堰、基坑开挖、钢板桩拔除、平台拆除、便桥拆除等。以上环节都在库区进行,施工过程中的土石方、施工机械都将占用湖区。根据施工进度安排,以上不利环节均安排在非汛期进行,汛期来临时或者施工结束后,将及时恢复湖区原貌,以免对行洪造成影响。

根据环评报告,南四湖河堤内禁止设置施工营地、混凝土拌和站等。根据弃土方案,工程弃土外运至路基取土场填筑。

采取以上措施后,桥梁建设施工期对行洪的安全影响可降到最低。

1.5.3.2　运行期

根据南四湖特大桥设计方案,主桥在湖区内共布置桥墩238组,在南阳岛设置互通式立交,在湖区内设置7个排水沉淀池,以上工程内容增大了湖区内的阻水面积,缩小了桥址断面处有效行洪面积,桥前会发生一定范围的壅水。根据计算,桥墩前引起的壅水变化在0.001~0.003 m,工程引起水位和流速变化的范围局限在工程附近50 m范围内,因此工程建设对上游水域行洪的影响较小。

经分析计算,运行期桥梁建设共占用库容29 377 m³,占上级湖总库容的1.2/10万,考虑到上级湖湖区范围内西部有湖西大堤,东部有湖东堤(青山至坭斛段丘陵区除外),无合适的库容补偿区域,在湖内开挖又不能有效增加防洪库容,且占用库容占总库容的比例很小,因此建议不再对桥梁建设占用的库容进行补偿。

由于湖区内布置了桥墩以及其他阻水建筑物,桥梁建设占用了湖区的行洪面积,经计算,桥梁建设占用的过水面积约1 497 m²,根据表1-2湖内典型断面流量及流速分布,工程完成后,东西泄洪浅槽过流能力占总断面总流量的43.9%,3个航道过流能力占断面总流量的10.3%,其余湖区虽然范围较大,由于湖内芦苇、藕塘等的影响,过流能力只占断面总流量的 45.8%。目前，湖内 3 个航道均计划于近期进行扩挖整治，其中白马河航道计划由 V 级航道提升为 Ⅲ 级航道、京杭运河主航道(南水北调输水渠)由 Ⅲ 级航道提升为 Ⅱ 级航道、京杭运河西航道由 Ⅵ 级航道提升为 Ⅲ 级航道，航道扩挖后相应行洪能力均得到有效提高，因此本工程不再对航道部分进行过水断面补偿；泄水浅槽、航道以外的湖区主要被芦苇、藕塘等覆盖，若想提高过流能力，清理长度需要几千米甚至十几千米，只进行桥梁下面附近部分的清淤、扩挖，不能增加区域过流能力，因此本工程也不再对该部分湖区进行过水断面补偿；而东西泄洪浅槽过流能力占断面总流量的 43.9%，进行适当扩挖后能够有效抵减桥梁建设的阻水影响，建议对南阳镇东、西浅槽按原设计断面边坡 1:3 分别向东、西扩挖 50 m，开挖底高程 30.79 m，开挖平均深度 2.0~4.0 m，补偿被大桥建设占用的过水面积约 700 m²，开挖长度为工程建设对湖区行洪的影响范围，建议为桥底及桥址上下游各 100 m，扩挖断面与原浅槽断面平顺连接，开挖的土方用来压滩地芦苇，降低行洪糙率，减小对行洪的影响。

1.5.4 对河势稳定的影响分析

在湖区内修建桥梁后，桥下水流受桥墩的阻塞作用，湖区中单宽流量增加，局部水面比降和流速会有所增大，但汛期行洪时湖区水面和水深较大，流速缓慢，只有滩地布置桥墩附近会有很小的局部冲刷。

但由于水流流态的变化、有效过水面积的减少，桥下近岸流速会有所增大，泄洪时会加大对湖西大堤的冲刷，因此对河势稳定有一定的不利影响，对桥底及桥址上下游各 100 m 范围内进行堤防迎水坡防护，防护后对河势稳定基本没有影响。

1.5.5 对现有防洪工程的影响分析

1.5.5.1 对湖西大堤的影响分析

南四湖特大桥在湖西大堤桩号 31+030 处跨越，桥墩跨径为 75 m，跨越大堤两侧桥墩桩号为 244 号和 245 号。根据桥梁桥位图和桥型图，南四湖特大桥桥墩布置在堤身有效断面以外，符合堤防设计规范的要求。但 244 号桥墩距堤防临水坡坡脚最小距离为 4.0 m，245 号桥墩距堤防背水坡坡脚最小距离为 3.78 m，且 245 号桥墩桩承台位于大堤背水坡截渗沟下方，可能对湖西大堤渗流稳定造成一定影响。现对南四湖特大桥跨越湖西大堤处进行渗流稳定分析。

根据《南四湖湖西大堤加固工程初步设计报告》，桥梁跨越处湖西大堤采用水泥土搅拌桩截渗墙方案进行了截渗，截渗墙沿现状湖西大堤距背水侧堤肩 2.0 m 处纵向布置，截渗墙顶高程 38.5 m，底高程约 20.5 m。截渗墙的最小厚度不小于 160 mm，渗透系数不大于 $A \times 10^{-6}$ cm/s。

根据湖西大堤临水坡前地质钻孔情况，244 号桥墩桩底高程 -56.799 m，位于钙质胶结层。桥墩桩基底高程在截渗墙底高程以下，且在两者之间有细砂透水层的存在，湖区内水位较高时，桩基周边有可能成为水流渗漏通道，对湖西大堤的渗流稳定造成影响。

根据实际情况，建议在桥墩桩基施工完毕后，在湖西大堤临水坡坡脚处进行高压喷射灌浆,截断水流的渗流通道。灌浆范围为桥底及桥址上下游各 50 m,共 129.70 m,顶高程约 34.50 m,高喷墙钻孔深入相对不透水层(黏土)2.0 m,底高程约 -26.76 m,深度约 61.26 m。

根据《水电水利工程高压喷射灌浆技术规范》(DL/T 5200—2019)的规定和桥梁跨堤处的地层情况,建议采用单排旋喷套接形式,成墙最小厚度大于 0.4 m,钻孔孔位与设计孔位偏差不得大于 50 mm。高喷灌浆孔孔距和高喷灌浆参数,应通过现场试验或工程类比确定。墙体整体渗透系数小于 $i \times 10^{-5}$ cm/s,墙体 28 d 无侧限抗压强度 R_{28} 为 4~10 MPa。

考虑到桥梁施工等一些不利因素的影响,建议桥梁桥墩施工后对 244 号桥墩周边进行 M15 浆砌块石防护,顺水流方向长 39.7 m,垂直水流方向 15 m,厚 0.3 m,下设 10 cm 碎石垫层。对 245 号桥墩施工破坏的截渗沟进行恢复处理,并对桥底及桥址上下游各 50 m 范围内截渗沟设置贴坡排水,截渗沟底宽 1.5 m,上口宽 4.5 m,边坡 1:1.5,干砌块石厚 30 cm,下层铺设 10 cm 厚碎石垫层,底部铺设 300 g/m² 土工布(见图 1-11)保护湖西大堤的安全。

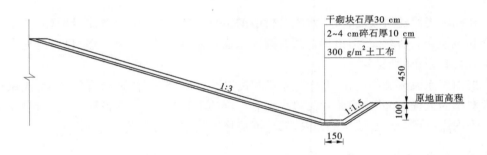

干砌块石厚30 cm
2~4 cm碎石厚10 cm
300 g/m²土工布
450
原地面高程
100
1:3
1:1.5
150

图 1-11　坝脚贴坡排水和截渗沟大样图　(单位:cm)

1.5.5.2　对湖东堤的影响分析

桥梁湖东跨越处位于丘陵区青山至垤斛段,该段无筑堤规划。桥梁建设对规划湖东堤建设没有影响。

1.5.5.3　对护砌工程的影响分析

距拟建南四湖特大桥较近的护砌工程为湖西大堤惠河—西支河北段(35+646~39+285),约 4.6 km,距离较远,对护砌工程没有影响。

1.5.5.4　对湖西大堤截渗工程的影响分析

拟建南四湖特大桥跨越湖西大堤处采用水泥土搅拌桩截渗墙对堤基进行了截渗处理。水泥土搅拌桩截渗墙沿湖西大堤距背水侧堤肩 2.0 m 处纵向布置,截渗墙底高程深入到相对不透水层以下 0.5 m,截渗墙的顶高程为 38.5 m,截渗墙的最小厚度不小于 160 mm。迎水坡、背水坡跨堤桥墩的桩承台距截渗墙最小距离分别为 22.67 m、38.10 m,距离较远,但桥梁施工时也应注意对截渗墙的保护,减小对截渗墙的影响。

1.5.5.5　对涵洞的影响分析

拟建南四湖特大桥在湖西大堤桩号 31+030 处,较近的涵洞为湖西大堤桩号 27+950

陈店站引水排水涵洞、湖西大堤桩号 30+250 西王站排水涵洞,距离分别为 3.08 km 和 0.78 km,湖西大堤河段壅水长度为 50 m,在壅水曲线范围之外,因此对涵洞没影响。

1.5.5.6　对行洪浅槽的影响分析

拟建南四湖特大桥在南阳镇东浅槽内布置了 26 排桥墩,南阳镇西浅槽内布置了 18 排桥墩,经模型计算,东西浅槽壅水高度均在 0.001 m,桥梁建设对湖区浅槽行洪的影响较小。但桥墩占用了行洪浅槽的过水面积,需对过水断面做出适当补偿。具体措施见 1.5.3。

1.5.5.7　对湖东滞洪区的影响

桥梁湖东岸跨越处位于两城镇黄山村与白沙村之间,黄山村南 200 m,不在湖东滞洪区范围内。桥梁建设基本不会对湖东滞洪区造成影响。

1.5.6　对防汛抢险的影响分析

南四湖湖西大堤堤顶为防汛通道,是防汛抢险和工程管理的重要通道。施工过程中的土石方、施工机械都将占用湖区。根据施工进度安排,以上不利环节均安排在非汛期进行,汛期来临时或者施工结束后,将及时恢复湖区原貌,以免对行洪造成影响。

拟建桥梁与堤防立交,梁底最低净高为 7.17 m。根据《公路工程技术标准》(JTG B01—2014)规定,其桥下净空一般不应小于 4.5 m,因此桥梁梁底净高满足要求,对防汛抢险和日常工程管理没有影响。

1.5.7　对第三人合法水事权益的影响分析

1.5.7.1　对南水北调输水工程的影响分析

根据山东省南水北调工程建设管理局《关于对日照(岚山)至菏泽公路枣庄至菏泽段跨越南水北调工程有关意见的复函》(鲁调水局计财字〔2016〕28 号),基本同意项目立项阶段日照(岚山)至菏泽公路枣庄至菏泽段(以下简称"枣菏段高速")在南水北调东线一期湖内疏浚工程设计桩号 26+825 处跨越。跨越处南四湖湖内疏浚工程输水渠道宽度约 150 m,枣菏段高速南阳互通式立交距南四湖湖内疏浚工程输水渠道垂直距离约 200 m。

拟建桥位处跨越南水北调东线输水通道,由于远期规划输水断面开挖方式暂不明确,根据分析采用扩宽方案最为不利。按原规划入南四湖上级湖 375 m³/s 进行分析,输水渠道需向东扩挖 116 m,扩挖时主线桥 138 号桥墩将位于过水断面内,桥梁建设对南水北调东线远期输水规划的实施及运行管理有一定影响,建议建设单位与南水北调主体工程设计单位做好技术衔接,施工建设方案报山东省南水北调工程建设管理局同意后方可实施。

1.5.7.2　对通航的影响分析

根据山东省交通运输厅港航局《关于日照(岚山)至菏泽公路枣庄至菏泽段工程跨京杭运河等桥梁项目航道通航条件影响评价报告的审核意见》(鲁交港航财基〔2016〕95 号),白马河桥、京杭运河桥和上级湖湖西航道大桥 3 座桥梁通过采用加大跨径的方式,能够满足《内河通航标准》的选址要求。综合考虑,同意《日照(岚山)至菏泽公路枣庄至菏泽段工程跨南四湖特大桥项目航道条件与通航安全影响评价报告》(简称《评价报告》),提出的桥位方案。

白马河桥主跨采用130 m,通航净宽127 m,净高9 m;京杭运河桥主跨采用210 m,通航净宽161 m,净高10.17 m;上级湖湖西航道大桥主跨采用130 m,通航净宽119 m,净高9 m,3座桥净空尺度均能够满足净空要求。

基本同意《评价报告》对桥梁防护措施提出的有关要求。有关建设费用和桥梁施工期间的桥区通航安全监管及航道维护费用等应纳入桥梁工程初步设计总概算,并由桥梁建设单位承担。其中,白马河桥、京杭运河主航道特大桥、老万福河桥、上级湖湖西航道大桥的导助航、警示及防撞设施应与大桥同步建成。

根据《评价报告》,本项目桥梁的建设对桥区航道条件、交通组织及水上水下相关设施的影响均较小。大桥水域通航环境安全等级属于“危险度低”与“危险度较低”之间,在采取相关的安全措施后,可以降低船舶在桥区内航行的危险。

1.5.7.3 对自然保护区的影响分析

山东南四湖省级自然保护区位于山东省西南部济宁市境内,南四湖系微山湖、昭阳湖、独山湖、南阳湖4个相贯通湖泊的总称,地跨微山县、鱼台县和济宁市任城区3个县(区),东经116°34′~117°24′,北纬34°27′~35°20′。

山东南四湖省级自然保护区由湿地、陆地和岛屿三部分组成,分别占保护区总面积的93.5%、5.8%、0.7%,湿地是保护区的主体。南四湖是重要的水资源调蓄地,是鸟类重要的栖息地和迁徙驿站,同时也是国家南水北调东线工程的重要调水区。根据山东南四湖省级自然保护区的自然环境和保护对象分布特点,及土地利用状况和湖内浅槽工程的需要,按照功能区划分原则,将山东南四湖省级自然保护区划分为核心区、缓冲区和试验区。

根据《日照(岚山)至菏泽公路枣庄至菏泽段工程环境影响报告书》,南四湖特大桥距南四湖缓冲区最近距离1.2 km,距南四湖核心区最近距离约2.8 km,跨越试验区。根据实地调查,评价范围内无重点保护植物;无重点保护野生动物的栖息地、繁育地,无鱼类的产卵场。通过采取一系列的环境保护措施,桥梁建设对自然保护区的影响在可控范围之内或者经过一定时间后会基本恢复。

1.5.8 对水功能区的影响分析

根据山东省水功能区划登记表,桥址跨越处位于南四湖上级湖调水水源保护区,地表水执行Ⅲ类标准。根据《日照(岚山)至菏泽公路枣庄至菏泽段工程环境影响报告书》,南四湖监测断面不能满足《地表水环境质量标准》中的Ⅲ类标准要求,超标原因与当地淡水养殖及支流汇入的水质有关。

桥梁基础施工时,将开挖出的渣土或砖孔桩挖出的渣土运出河流范围外处置后利用,严禁向水域弃渣;南四湖河堤内禁止设置施工营地、混凝土拌和站等;桥涵施工前布设临时便桥、便涵,以保证原有水系畅通;施工完毕后及时拆除临时设施,并对河道进行清理和整修。通过采取以上措施,桥梁施工期对地表水环境的影响可控制在较低水平,对水功能区造成的影响在可控范围内。

项目跨南四湖应设置桥面雨水收集系统,并设置防抛网,并强化防撞护栏;对服务区设置污水处理系统,达标后进行绿化、洒水等,不外排。公路路面径流不得进入具有养殖功能的塘堰、沟渠。提醒司机注意安全,对于运输危险化学品的车辆,应实施安全检查,并在恶劣天气下,限制运输危险化学品的车辆经过。通过采取以上措施,桥梁营运期对地表水环境的影响可控制在较低水平,对水功能区造成的影响在可控范围内。

1.5.9　桥面排水沉淀池工程的影响评价

根据环保要求,本项目在湖区内共设置 7 处沉淀池,外型采用流线型,其中 400 m³ 沉淀池 2 座,尺寸为 10 m×26.0 m;350 m³ 沉淀池 3 座,尺寸为 10 m×23.0 m;250 m³ 沉淀池 2 座,尺寸为 10 m×19 m。池顶高程均在 37.0 m 左右。沉淀池垂直水流方向宽度为 10 m。阻水面积约 225.39 m²,相对于湖区的总过水面积 38 410 m²,阻水比约为 0.59%,对泄洪有影响,但影响较小。沉淀池占库容约 4 232 m³,为上级湖总库容 25.2 亿 m³ 的 1.7/100 万,对南四湖上级湖总库容影响不大。

桥面水通过在外侧护栏内侧(桥面低处)设置泄水管进水口,顺桥向间距 5 m,排入纵向排水管,纵向排水管坡度不小于 0.5%,然后引至沉淀池,经沉淀、蓄毒作用,防止直接排入保护水体。沉淀池具有沉淀和隔油功能,可对初期雨水进行物理处理,同时兼具应急事故缓冲功能。桥面水经沉淀池收集、沉淀后,再排放至天然沟槽,最终汇入自然排水系统中。

通过上述措施,可减少桥面雨水或者发生污染事故后的桥面径流对湖区水质的影响。桥梁运营期,应加强对沉淀池的监管,定期进行检查和维修,避免沉淀池损坏,起不到沉淀过滤作用或者成为新的污染源,影响湖区的水质。当危险品泄漏事故发生时,公路管理部门人员应及时赶到现场,将出水阀门关闭。

1.5.10　南阳互通式立交的影响评价

南阳镇是京杭运河四大名镇之一,现有 34 个行政村、居民 3.5 万人,群众大多从事水上运输、养殖捕捞、外出务工及旅游服务相关产业。为打通南阳古镇旅游发展的快速通道,带动旅游、渔湖等产业加快发展,促进经济社会提速转型,改善群众生产生活条件,建设枣菏高速公路南阳岛互通式立交出入口是千载难逢的机遇。南阳岛互通式立交出入口建设的必要性如下:

(1)湖区群众提升抗洪防灾、抢险自救能力的需要。湖区一旦发生较大洪水和其他自然灾害,枣菏高速公路南阳岛互通式立交出入口可作为应急疏散通道和紧急救援平台,将受灾群众迅速转移出湖。

(2)提升群众生命安全系数、增进民生福祉的需要。根据相关规定,南阳镇现有客渡船只在蒲氏 4 级风以上禁止航行,暴雨、浓雾能见度不良情况下禁止航行,严禁夜航。当地群众日常出行受天气影响很大,遇有突发情况时出入岛极为不便,南阳互通式立交出入口设立后,群众出行不必单纯依靠船只,出行效率、安全系数将大大增加。

(3)促进南阳古镇旅游发展、推动微山湖创建 5A 级风景区的需要。南阳镇被中华人民共和国住房和城乡建设部批准为国家历史文化名镇,但交通不便阻碍了南阳古镇周边景区景点的有效融合,建设南阳岛互通式立交出入口将打通南阳古镇旅游发展的快速通道,实现南阳古镇与周边地区的水路和陆路交通连接,充分整合各地旅游资源,发挥旅游规模效益。

(4)加快南阳经济社会事业发展、打赢脱贫攻坚战的需要。南阳镇系山东省重点扶贫乡镇,34个行政村有13个村为省级重点扶贫村,南阳岛互通式立交建成后,将带动旅游业及相关产业加快发展,推动经济转型,带动湖区群众脱贫。因此,南阳互通式立交的设置是有必要的。

南阳互通式立交主线设计范围 K45+885~K47+022,采用单喇叭 A 型,主线上跨匝道。共设 A、B、C、D、E 5 条匝道,1 个收费站及办公区。

收费站范围 AK0+000~AK0+350,收费站进口路基宽 38.70 m,收费站出口路基宽16.50 m,收费站最宽处 44.20 m,收费车道数为进 3 出 5。收费站起点 AK0+000 路面设计高程 37.50 m,地面高程 37.50 m;终点 AK0+350 路面设计高程 40.30 m,地面高程40.20~40.30 m。

南阳互通式立交收费站办公场区长 80 m、宽 75 m,设计标高 37.2~37.5 m,地面高程37.90~39.10 m,经过局部整平压实后满足设计要求。

经计算,南阳互通式立交共占库容约 16 052 m³,为上级湖总库容 25.2 亿 m³ 的6.4/100 万,对南四湖上级湖总库容影响不大。

南阳互通式立交收费站和办公区地面高程 37.90~40.30 m,位于弃土区,现状土地利用类型为农地,种植小麦、大豆,基本不需要填筑,符合相关规定要求。

南阳互通式立交匝道桥梁底最低高程为 38.17 m,高于南四湖防洪水位要求且有一定超高。

A、D、E 匝道桥部分桥跨梁底高程低于 300 年一遇洪水位,不满足桥梁自身防洪标准下的洪水水位要求,对互通式立交安全有一定影响。

1.5.11 洪水对工程的影响分析

1.5.11.1 桥梁的洪水标准是否适当

拟建南四湖特大桥连接高速公路,根据《防洪标准》(GB 50201—2014),大桥设计防洪标准为 300 年一遇,南四湖特大桥按 300 年一遇洪水标准设计,洪水标准适当。

1.5.11.2 冲刷对桥梁的影响

桥梁建成后,水流的一般冲刷及桥墩阻水引起的局部冲刷,对桥墩有一定的影响。南四湖作为调蓄水库,汛期行洪时湖区水面和水深较大,流速缓慢,只有滩地布置桥墩附近会有很小的局部冲刷,对桥梁墩台基础埋深影响不大。

1.5.11.3 主线桥梁底高程是否适当

根据《公路工程水文勘测设计规范》(JTG C30—2015),主线桥梁底高程应超过洪水位与壅水高度、床面淤高、漂浮物高度等之和。主线桥梁设计中航道外梁底设计最低标高为 40.60 m,满足航道外最低梁底高程不应低于 40.49 m 的要求;三个航道通航净空范围内最低梁底高程为 46.405 m,满足航道最低梁底高程不应低于 43.30 m 的要求,满足规范要求。

1.6　工程影响防治措施与工程量估算

1.6.1　行洪断面补偿措施

湖区内布置了桥墩等阻水建筑物,桥梁建设占用了湖区的行洪面积,建议根据桥梁建设占用的过水面积,进行行洪断面补偿。建议对南阳镇东西浅槽按原设计断面边坡 1:3 分别向东、西扩挖 50 m,设计开挖底高程 30.79 m,开挖平均深度 2.0~4.0 m,开挖长度为桥底及桥址上下游各 100 m,扩挖断面与原浅槽断面平顺连接。开挖的土方用来压滩地芦苇,降低行洪糙率,减小对行洪的影响。

1.6.2　护岸固基防渗措施

桥梁建成后,由于水流流态的变化、有效过水面积的减少,桥下近岸流速会有所增大,泄洪时会加大对湖西大堤的冲刷,对河势稳定有一定影响。建议对桥址处湖西大堤临水坡进行护砌,护砌范围为桥底及桥址上下游各 100 m 范围,堤坡护砌需要满足相关规范的要求。

护坡护至设计洪水位以上 1.0 m,即 37.99 m,采用 C25 嵌入式生态砌块护坡。砌块厚 15 cm,护坡底部设 C20 混凝土镇脚,尺寸为 1 m×0.8 m,顶部设 C20 混凝土压顶,中间设一道纵向隔梗,压顶尺寸为 0.6 m×0.4 m,隔梗尺寸为 0.5 m×0.4 m。护坡下层铺设 10 cm 厚碎石垫层,底部铺设 300 g/m² 土工布,嵌入式生态砌块护坡孔隙内覆盖黏土。护坡工程结构见图 1-12。

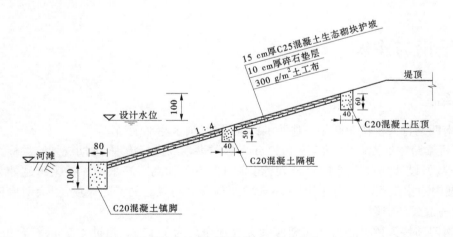

图 1-12　护坡工程结构　(尺寸单位:cm)

桥墩桩基底高程在截渗墙底高程以下,且在两者之间有细砂透水层的存在,湖区内水位较高时,桩基周边有可能成为水流渗漏通道,对湖西大堤的渗流稳定造成影响。建议在

244号桥墩桩基施工完毕后,在湖西大堤临水坡脚处进行高压喷射灌浆,截断水流的渗流通道。

245号桥墩桩承台位于大堤背水坡截渗沟下方,可能对湖西大堤渗流稳定造成一定影响。建议245号桥墩施工完毕后,对占压的堤后截渗沟进行恢复处理,并对桥底及桥址上下游各50 m范围内截渗沟设置贴坡排水。

根据有关标准及设计资料,南四湖特大桥桥址处防治补救估算工程量见表1-5。

表1-5 南四湖特大桥桥址处防治补救估算工程量

序号	项目名称	单位	工程量
1	土方开挖	m³	607 864.37
2	土方填筑	m³	768.32
3	C25生态砌块护坡	m³	543.81
4	C20混凝土镇脚	m³	202.14
5	C20混凝土压顶	m³	60.64
6	C20混凝土隔梗	m³	50.53
7	干砌块石贴坡排水	m³	140.08
8	碎石垫层	m³	466.85
9	土工布	m²	3 625.41
10	M15浆砌块石防护	m³	172.85
11	高喷墙	m²	9 534.51
12	清渣	m³	3 813.80

1.7 结论与建议

1.7.1 结论

(1)南四湖特大桥按300年一遇防洪标准设计,洪水标准适当。

(2)桥梁跨越处湖西大堤已按1957年一遇防洪标准进行治理,远期规划防洪标准为100年一遇,但设计洪水位同1957年洪水,堤防也不再加高。湖东堤在桥梁跨越处无筑堤要求,湖内浅槽工程已经实施,因此不会增加现有水利规划的实施难度,但会对南四湖今后的治理造成一定影响。

(3)南四湖特大桥梁底与现状湖西大堤堤顶净高为7.17 m,超过4.5 m,符合《公路工程技术标准》的要求,对防汛交通没有影响。

(4)根据施工组织设计,桥梁主体工程在非汛期施工,南四湖河堤内禁止设置施工营地、混凝土拌和站等,工程弃土外运至路基取土场填筑,桥梁建设施工期对行洪的安全影响可降到最低。

（5）桥墩布置在河道过水断面内，造成阻水，使桥前水位壅高，壅水高度在 0.001～0.003 m 以内，工程引起水位和流速变化的范围局限在工程附近 50 m 范围内。因此，工程建设对上游水域行洪影响较小。

（6）湖区内布置了桥墩以及其他阻水建筑物，桥梁建设占用了湖区的行洪面积，桥梁建设占用的过水面积约 1 497 m²，桥梁阻水面积比约为 3.97%。

（7）由于水流流态的变化、有效过水面积的减少，桥下流速以及近岸流速增大，对桥址附近堤坡产生冲刷，因此对河势稳定有一定影响。

（8）根据冲刷淤积分析，汛期行洪时湖区水面和水深较大，流速缓慢，只有滩地布置桥墩附近会有很小的局部冲刷，对桥梁墩台基础埋深影响不大。

（9）南四湖特大桥与湖区内 3 个航道有一定夹角，大桥水域通航环境安全等级属于"危险度低"与"危险度较低"之间，对通航影响较小。

（10）南四湖特大桥桥墩布置在湖西大堤堤身有效断面以外，符合堤防工程设计规范要求。

（11）拟建桥位处跨越南水北调东线输水通道，此处桥梁为跨径 210 m 的双塔斜拉桥，桥梁建设对南水北调东线远期输水规划的实施有一定不利影响。

1.7.2　建议

（1）建议桥梁设计单位按本书分析的有关成果，进一步复核桥梁设计指标。

（2）对南阳镇东西浅槽按现状断面边坡分别向东、西扩挖 50 m，开挖长度为桥底及桥址上下游各 100 m，补偿被大桥建设占用的过水面积。

（3）近岸冲刷及施工会对湖西大堤造成一定影响，建议建设单位按照补救措施对桥底及桥址上下游各 100 m 范围内进行堤防迎水坡的防护，施工时注意对湖西大堤的保护。对 244 号桥墩周边采用 M15 浆砌块石进行防护处理，对被 245 号桥墩占压的堤后截渗沟进行恢复处理和设置贴坡排水。

（4）南阳互通式立交位于湖区内，落地点部分为弃土区，高程 37.10～40.30 m，在防洪水位以上，基本满足规定要求。建议在桥梁施工期建设单位和施工单位，加强与南四湖管理部门、防汛部门的联系，确保互通式立交在施工期的桥梁防洪安全。

（5）拟建桥位处跨越南水北调东线输水通道，此处桥梁为跨径 210 m 的双塔斜拉桥，桥梁建设对南水北调东线远期输水规划的实施有一定不利影响，建议 138 号桥墩承台高程按低于 28.8 m 考虑或采取后期围护措施，并与南水北调主体工程设计单位做好技术衔接。

（6）湖西大堤防洪标准为防御 100 年一遇洪水，桥梁设计防洪标准为 300 年一遇，建议建设单位和设计单位对超标准洪水做出相应的桥梁保护措施，确保桥梁桥基和附近路基的安全。

（7）项目施工前桥梁施工方案应报南四湖主管部门审批，施工过程中应与南四湖主管部门加强协商。

第2章
高速公路桥梁跨越河道防洪影响评价

2.1 项目简介

2.1.1 主桥设计

济南至乐陵高速公路项目漳卫新河特大桥位于山东省乐陵市霍家寨东北,位于主线 K0+029 处,跨河桥长 855 m。在漳卫新河设计河道桩号 K62+600 处跨越,桥位区距省道 S248 约 3 km,河堤顶有路相通,交通较为便利。漳卫新河实景照如图 2-1 所示。

图 2-1 漳卫新河实景照

该桥宽 34.5 m,与漳卫新河正交呈 90°,桥台布设在漳卫新河左、右大堤外侧,共 23 排桥墩布置在漳卫新河主河槽和滩地内,每排 6 个桥墩,其中两排 4 个桥墩;每排桥墩分左右两幅,每幅 3 个桥墩,其中两排每幅 2 个桥墩;桥墩直径 1.5 m、2.0 m;桥梁跨径分别为 30 m、35 m、55 m、60 m。漳卫新河特大桥河道内各桥墩处梁底高程见表 2-1。

表 2-1　漳卫新河特大桥河道内各桥墩处梁底高程　　　单位:m

桥墩编号	墩柱处梁底标高(面向前进方向从左往右编号)					
	L1	L2	L3	L4	L5	L6
12	20.138	20.138	20.138	20.138	20.138	20.138
13	22.142	21.998	22.105	22.105	21.998	22.142
14	22.842	22.698	22.568	22.568	22.698	22.842
15	23.256	23.112	22.982	22.982	23.112	23.256
16	23.619	23.475	23.345	23.345	23.475	23.619
17	23.932	23.788	23.658	23.658	23.788	23.932
18	24.196	24.052	23.922	23.922	24.052	24.196
19	24.409	24.265	24.135	24.135	24.265	24.409
20	24.573	24.429	24.299	24.299	24.429	24.573
21	24.686	24.542	24.412	24.412	24.542	24.686
22	24.749	24.605	24.475	24.475	24.605	24.749
23	24.763	24.619	24.489	24.489	24.619	24.763
24	24.726	24.582	24.452	24.452	24.582	24.726
25	24.64	24.496	24.366	24.366	24.496	24.640
26	24.503	24.359	24.229	24.229	24.359	24.503
27	24.316	24.172	24.042	24.042	24.172	24.316
28	24.08	23.936	23.806	23.806	23.936	24.080
29	23.793	23.649	23.519	23.519	23.649	23.793
30	23.457	23.313	23.183	23.183	23.313	23.457
31	23.070	22.926	22.796	22.796	22.926	23.070
32	22.396	22.252	22.359	22.359	22.252	22.396
33	20.510	20.510	20.510	20.510	20.510	20.510
34	19.879	19.879	19.879	19.879	19.879	19.879

由表 2-1 可以看出,梁底高程最低处为 34 号墩的箱梁,梁底高程为 19.879 m。

2.1.1.1　上部构造

主桥采用 35 m+60 m+35 m 和 35 m+55 m+35 m 连续箱梁,引桥采用 30 m 小箱梁,先简支后结构连续。

2.1.1.2　桥面排水

为避免桥面雨、污水下泄对河堤造成破坏或不利影响,大桥跨越河堤段桥面通过设置排水管收集桥面雨、污水,集中排放,出水口布置在堤身范围以外,顺桥墩下行,并接入堤外沟渠排走。

2.1.1.3　下部构造

主桥桥墩采用双柱式桥墩、桩基础,引桥桥墩采用三柱式桥墩、桩基础;桥台采用肋板式桥台、桩基础。墩身上设盖梁,墩高 4.59 ~ 20.62 m。墩柱、台身、承台及系梁均采用 C25 混凝土,盖梁采用 C30 混凝土。漳卫新河特大桥河道内各桥墩承台顶高程见表 2-2。

表 2-2 漳卫新河特大桥河道内各桥墩承台顶高程   单位:m

墩号	12	13	14	15	16	17	18	19	20	21	22	23	24	25	26	27	28	29	30	31	32	33	34
承台高程	12.1	7.7	7.7	7.7	7.7	7.7	7.7	7.7	2.1	0.3	0.3	2.1	8.4	8.4	8.4	8.4	8.4	8.4	8.4	8.4	8.4	8.4	11.1

2.1.1.4 设计标准

(1)设计行车速度:120 km/h。

(2)设计荷载:公路 I 级。

(3)设计洪水频率:1/300。

(4)桥梁宽度:桥梁宽度按项目标准取值,整体式双幅桥横向布置为 2×[0.5 m(防撞栏)+15.75 m(桥面净宽)+0.5 m(防撞栏)]+1.0 m(分隔带)= 34.5 m。

桥梁标准横断面见图 2-2。

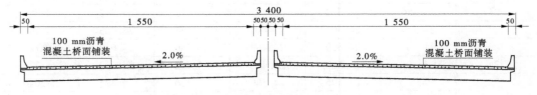

图 2-2 桥梁标准横断面图 (尺寸单位:cm)

(5)通道及明涵横向宽度:与路基同宽。

(6)河流通航等级:漳卫新河无通航要求。

(7)地震作用:根据《中国地震动峰值加速度区划图(1:400 万)》(GB 18306—2001),本项目全线所处区域地震动峰值加速度为 0.05g,地震谱特征周期 0.4 s,地震基本烈度为 6 度,全线构造物抗震设防烈度为 7 度。

2.1.2 施工组织设计

2.1.2.1 工程特点及重点

(1)该桥下部构造桩基数量约 328 个,下部结构工程量大。

(2)该桥所处的漳卫新河水受季节降雨的影响较大,特别是雨季一到,河水会漫过河滩,影响桥梁的桩基施工,由于大部分桩基位于河槽和河滩中,所以应赶在雨季到来之前或雨季后完成河中的桩基施工。

(3)跨河堤的预应力混凝土现浇连续梁的施工不能中断桥下既有道路的通行。

2.1.2.2 临时设施及临时道路

(1)临时设施:分为两部分,一是生活用房,二是生产用房。生活用房设在乐陵市黄夹镇,自己建房;生产用房采用搭设工棚,设在拌和站旁,利于小箱梁的预制。

(2)临时道路:尽量利用既有道路作为施工便道,施工期间加强对既有道路的维护保养,确保防汛车辆通行。施工完毕后给予必要整修。

施工场内设临时便道,便道宽 3.5 m,表层用碎石处理。北侧可从第 8 孔通过,南侧可从第 32 孔通过。

2.1.2.3　主要施工方案

根据河流为季节性河流,可以考虑将桩基施工分成两部分,即岸滩陆上部分和河槽水中部分。岸滩陆上部分是在 6~8 月,施工 0~19 号、24~45 号墩台的桩基,河槽水中部分是 9、10 月完成 20~23 号墩的桩基。本工程采用流水施工作业,合理安排机械人员和设备,只要一排桩基完成后,立即进行系梁和承台以上工程的施工,将工序间隔缩到最短。

桩基础采用循环钻机钻进成孔,水下混凝土成桩的施工工艺。

(1)岸滩陆上桩基施工时,需先平整场地、搭设钻孔平台,并埋设钢护筒。

根据桩基施工期内的施工水位,确定在低于标高(施工时水位+1.5 m)的各桩位处填土,填土顶面标高为高于施工水位 1.5 m。

在填土前,施工测量放出桩孔的具体位置,在迎水面距靠近河面的桩位大于 3 m 处用粗木桩按 1 m 的间隔打桩,在木桩外用编织袋装沙土做拦水坝,拦水坝外坡坡比为 1:1.5,再在拦水坝后填土,用压路机碾压压实,填土高度高于流水面 1.5 m。在填土顶面用型钢搭设钻孔平台,同时用枕木固定钻机。

(2)20~23 号桥墩桩基施工时,应选在 9~10 月的枯水期进行,此时桩位处的水深不到 1.5 m,可将桩位处施工场地与河水隔离,抽水清淤后即可按照陆上桩基施工方法施工。

同时,为保证施工期间主河槽内河水顺利通过,不致壅水、阻水,报经河道主管部门同意后,在附近河滩开挖导流槽,以满足河道过流和工程施工安全。

(3)第三联和第八联(35+60/55+35)m 预应力混凝土连续箱梁施工时,采用钢管柱、型钢或贝雷梁搭设支架施工,并为堤顶既有道路留出通行净空。搭设支架前先进行地面硬化处理,支架搭设完毕后须按设计要求进行预压。

(4)预制小箱梁采用架桥机进行架设。

2.1.2.4　水中桥墩桩基施工对防洪度汛的影响

综合考虑现有地形地貌及漳卫新河的防洪度汛的需要,漳卫新河特大桥水中墩在进行基础施工时采用筑岛围堰施工。抓紧在旱季枯水季节,对漳卫新河内的基桩采用单排桩基围堰施工,即每次施工只筑岛围堰单排桩基,等这排桩基施工完后,挖除围堰并填筑另外一排桩基的围堰,以尽量减小施工时对漳卫新河的阻水面积。

2.1.2.5　跨河堤箱梁施工对防洪度汛的影响

漳卫新河特大桥第三、第八联现浇连续箱梁跨越河两侧大堤,为保证施工过程中大堤路的交通畅通。经综合考虑各方面因素决定采用以下方案:采取现浇钢筋混凝土独立基础;基础上立支撑钢管;钢管顶部加焊钢板以放置纵向贝雷梁;贝雷梁上沿横桥向,按碗扣支架步距,设槽钢以支撑碗扣支架。施工安排在枯水期进行,保证在现浇箱梁的施工过程中堤顶路有 3.5 m 净空的要求,满足堤顶道路的正常通行。

2.2 河道基本情况

2.2.1 流域概况

漳卫南运河是海河流域五大水系之一,位于东经112°~118°、北纬35°~39°,地处太行山以东,黄河与徒骇、马颊河以北,滏阳河以南。全河由漳河、卫河、卫运河、漳卫新河及南运河组成,流域面积为37 584 km²,其中山区面积约占68.3%,平原面积约占31.7%,流域内上游为山区,海拔大部分处于1 000 m以上,中下游为平原,地形趋势为西高东低。流经山西、河北、河南、山东四省及天津市入渤海,是海河南系的一条主要行洪排涝河道。山东境内的河道全长455 km,流域面积2 934 km²。山东沿河部分流域如六五河、宁津新河等,在漳河、卫河洪水较小时,可相机排水。漳河和卫河均发源于太行山,漳河和卫河汇流后称卫运河,至四女寺以下又分为两支:向北一支称南运河,经河北省由天津入海;向东一支称漳卫新河,在山东省无棣县海丰入渤海。

漳卫新河自四女寺枢纽南进洪闸分洪减河,北进洪闸分洪岔河,岔河与减河在河北省吴桥大王铺汇合长43.2 km。漳卫新河全长257 km,山东境内有六五河、宁津新河等汇入,除中下游左岸属河北省外,其余属山东,经山东省德州、滨州两地市,德城、宁津、乐陵、庆云、无棣5个县(市、区)。

2.2.2 水文气象

工程位置地处半湿润半干旱地区,属暖温带大陆性季风气候,冬冷夏暖,四季分明。春季受大陆性气团影响,气温回升快,风速大,干燥多风,蒸发量大,降雨稀少;夏季由于太平洋副热带高压脊线位置北移,西南和东南洋面上暖温带气流向本流域输送,炎热多雨,降雨集中,但因历年夏季太平洋副热带高压的进退时间、强度、影响范围等很不一致,暴雨分布和降雨量的变差很大,往往形成灾害性天气;秋季晴朗,天高气爽,降雨量较小;冬季受西伯利亚大陆性气团控制,寒冷少雨雪。

工程位置附近多年平均12.9 ℃,全年1月温度最低,月平均气温-3.3 ℃,7月温度最高,月平均气温26.8 ℃。极端最高气温出现在6月,气温达到42.2 ℃,极端最低气温出现在1月,气温为-21.6 ℃。无霜期一般200 d左右,一般初霜自10月开始,终霜多在来年4月,最晚解冻期在次年的4月初,最大冻土深度45 cm,年日照时数2 570 h。

工程位置附近多年来平均降水量在550 m左右,降水量年内及年际分配不均,丰枯相差悬殊,年内降水量的70%~80%集中在汛期的6~9月,并且多以暴雨的形式出现,其中7、8月降雨量约占全年的50%。年降水量相差较大,丰枯相差悬殊,最大丰枯比达到4倍。

2.2.3 河道现状

漳卫新河原是卫运河的分洪河道,经几次治理,已成为卫运河主要洪水出路,其行洪能力达3 500 m³/s,自大王铺至海丰河段,主槽宽70~80 m,主槽比降1/9 770~1/11 400。

漳卫新河是一条人工开挖的比较顺直的微曲型河道,大部分河岸土质较好,且河型也比较适应洪水的特性,因此洪水来时峰小、量大,峰形平缓,起涨一般较为迅速。由于需要,在该段道上建了 6 座拦河闸,经过多年运行闸上泥沙淤积比较为严重。漳卫新河上游分为岔河、减河两支,河长分别为 43.2 km、53.2 km,岔河、减河于大王铺汇合,汇合后长度 147 km(至海丰),大桥跨越处至大口河长 141.2 km。

减河由四女寺南进洪闸下向东南进入德城区,至黄河崖镇九龙庙附近弯向东北过袁桥闸至避雪店出境入河北省,德州市境内河道长 32.34 km。进入吴桥县,在大王铺与岔河合流,河北省吴桥段长 20.26 km。

减河以西为德州市河东新区,河东为郊区农田,是德州市城市防洪的重要河道,不仅要保护京沪铁路、京福高速公路、104 国道、105 国道等重要基础设施,同时要保证开发区人口及工矿企业的生命财产安全。四女寺枢纽至大王铺,右堤长 53.2 km,堤顶起点高程26.96 m,止点高程 23.27 m;左堤长 43.2 km,堤顶起点高程 26.96 m,止点高程 23.27 m。为双复式断面,河底纵坡 1/9 000,主槽底高程 15.63~10.55 m,袁桥以上底宽 35 m,袁桥以下 20 m,堤距 300~550 m。堤顶宽 8 m,河堤迎水坡为 1:4,背水坡 1:3。堤身土体均为人工填土,土体颗粒组成较杂,且分布无规律。壤土、砂壤土、黏土、粉砂土和粉土均有分布,因就地河床取土筑堤,故组成与河床两岸土体大体一致。

桥址处主槽底宽约 30 m,由于主槽边坡坍塌,现状河道主槽边坡约为 1:9。现状左右堤高程分别为 16.15 m、15.96 m。两堤中心距为 716.8 m。工程位置处河道边界条件参考漳卫新河实测断面成果,结果见表 2-3。

表 2-3　工程跨越处现状河道断面要素　　　　　　单位:m

左滩高程	右滩高程	左滩宽	右滩宽	河底高程	主槽深	主槽宽
10.56	10.79	226.28	314.68	3.8	6.76	32

2.2.4　工程地质

2.2.4.1　地形地貌

拟建场地位于漳卫新河两侧,地形平坦开阔,河床稳定,河两侧现为耕地,据勘探点高程,地面标高变化在 10.00~11.76 m。

2.2.4.2　地层岩性

桥址区沉积的地层主要为第四系全新统冲积地层、第四系上更新统冲洪积地层。根据区域资料和本次勘察资料,该地段地层主要为第四系全新统冲积层(Q_4^{al}),厚大于 26.0 m;其下⑦层为粉质黏土,根据其力学强度及夹杂物分析,应为 Q_3^{al}。具体描述如下:

①粉土

灰黄色,中密,湿,摇振反应中等,低干强度,低韧性,黏粒含量较高,局部夹薄层状黏性土;表层 30 cm 为耕植土,含植物根系。

②粉质黏土

浅灰、灰黄色,可塑,切面稍有光泽,无摇振反应,干强度中等,韧性中等,中压缩性。

③粉土

灰黄色,密实,湿,摇振反应迅速,低干强度,低韧性,黏粒含量较高。

③¹ 粉砂

灰黄色,稍密,饱和,主要成分为石英、长石等,级配一般。

④粉质黏土

灰褐、灰黄色,可塑,切面稍有光泽,无摇振反应,干强度中等,韧性中等,中高压缩性,局部夹薄层粉土。

⑤粉土

灰黄色,密实,湿,摇振反应迅速,低干强度,低韧性,黏粒含量较高。

⑤¹ 粉质黏土

灰黄色,可塑,切面稍有光泽,干强度高,韧性高,中压缩性。

⑥粉砂

灰黄色,中密,饱和,主要成分为石英、长石等,级配一般,局部夹薄层粉土。

⑦粉质黏土

灰褐、褐黄色,可塑,含少量铁锰结核,切面稍有光泽,干强度高,韧性高,中压缩性。

⑧粉土

灰黄色,密实,湿,摇振反应迅速,低干强度,低韧性,黏粒含量较高。

⑨¹ 粉质黏土

灰黄色,可塑,切面稍有光泽,干强度高,韧性高,中压缩性。

⑨¹ 粉砂

灰黄色,密实,饱和,主要成分为石英、长石等,级配一般。

⑨² 粉土

灰黄色,密实,湿,摇振反应迅速,低干强度,低韧性,黏粒含量较高,局部夹薄层黏性土。

2.2.4.3 水文地质

勘察区地势平坦开阔,地表水主要为漳卫河河水,水量大小受季节影响。地表水的动态变化对桥台构造物的基础稳定性会产生不利影响。场地地下水类型为潜水,其补给主要来自大气降水及地表水,水量大小受季节影响。场地最大冻土深度为 0.45 m。

根据《公路工程地质勘察规范》(JTJ 064—98)中环境介质对混凝土腐蚀的评价标准,地下水对混凝土无腐蚀性,地表水对混凝土具弱腐蚀性。

2.2.5 现有水利工程及其他设施情况

跨越河段顺直,河槽断面为复式断面,河床宽浅,为黄泛区冲积平原地貌。河道由河槽和河滩两部分组成。地形平坦开阔。跨越断面河段由主槽和河滩两个微地貌单元组成。主槽上宽 148.76 m,左岸滩地宽 226.28 m,右岸滩地宽 314.68 m。左堤顶高程 16.15 m,宽 8.0 m;右堤顶高程 15.96 m,宽 8.0 m。

桥址距省道 S248 约 3 km,上游拟建京沪高铁减河桥,上游 10 km 有罗寨闸,下游 2 km 内无水利设施和其他明显的影响行洪的建筑工程。

2.2.6 水利规划及实施安排

根据《漳卫河系防洪规划》(2008 年),卫运河设计流量为 4 000 m³/s 时,漳卫新河四女寺以下岔河规划设计流量 1 970 m³/s,减河规划设计流量 1 680 m³/s,大王铺至海丰规划设计流量 3 650 m³/s。具体指标见表 2-4。

表 2-4　漳卫新河河道规划指标

地点	河道里程	设计断面			行洪		除涝		设计堤顶	
		河底高程/m	底宽/m	比降	流量/(m³/s)	水位/m	流量/(m³/s)	水位/m	高程/m	宽度/m
四女寺北闸下	0+100	15.26				25.17		21.82	21.17	
铁路桥上	8+316	14.50	70			24.48		21.12	26.48	
七里庄闸上	16+516			1/10 900	1 970	23.96	780	20.57	25.96	
吴桥闸上	36+976	11.87	60			22.25		18.72	24.25	
大王铺	43+000	11.27				21.70		18.05	23.70	
四女寺南闸下	0+000	19.52				25.18		21.73	27.18	
铁路桥上	11+146	16.02	70	1/8 600	1 680	24.26	400	20.61	26.26	8
袁桥闸上	26+100	14.29				23.12		19.23	25.12	
大王铺	52+500	11.27				21.70		18.05	23.70	
王营盘闸上	18+660	9.20				19.90		16.16	21.90	
罗寨闸上	52+062	5.31	70	1/9 000	3 650	15.87	1 200	12.68	17.87	
庆云闸上	89+288	1.36				11.95		8.40	13.95	
辛集闸上	122+342	-2.30		1/8 900		8.00	1 250	4.89	10.00	

漳卫新河规划原则:漳卫新河扩大规模不抬高四女寺闸前水位,不影响卫运河行洪;不增加德州市的防洪压力,并力求减少工程占地、节省投资。

漳卫新河规划治理:通过对挖槽方案、挖槽结合退堤方案及切滩、挖槽结合退堤方案三个方案进行技术、经济指标比选,规划选取了切滩、挖槽结合退堤方案。该方案是指大王铺以下至辛集段行洪 3 650 m³/s,主槽疏浚至原设计断面,底宽 70 m,边坡 1:4~1:5,在不影响两岸排涝条件下,行洪能力通过加高两岸堤防解决。右堤除桩号 76+340~82+438间不加堤外,大部分需要加堤,桩号 45+986~70+010 间加堤 0.1~1.26 m,其余各段加高幅度多在 0.1~0.89 m;左堤桩号 45+986~70+010 间加堤 0.1~1.26 m,桩号 94+803~127+544 间加堤 0.1~0.65 m,桩号 155+462~165+579 间加堤 0.2~0.62 m。受加高堤防影响,加堤段穿堤建筑物相应接长,庆云闸、辛集闸需加高改建。堤防加高土方开挖 74.6万 m³,土方填筑 307.5 万 m³,河道清淤 921 万 m³。

本次规划列入近期治理工程项目,要求在 2015 年以前实施。

工程跨越地点位于漳卫新河上游,河道设计桩号为 62+600。根据规划,跨越处为复式断面,设计行洪水位为 14.35 m,设计排涝水位为 11.44 m,河底高程为 4.14 m,河底比降 1/9 000,河底宽 70 m,主槽深 6.42 m,主槽边坡 1:4,堤顶高程为 16.20 m,堤顶宽度为 8 m;堤防内边坡为 1:4,外边坡为 1:3。工程跨越处河道规划断面要素见表 2-5。

表 2-5　工程跨越处河道规划断面要素　　　　　　　　　　　单位:m

左滩高程	右滩高程	左滩宽	右滩宽	河底高程	主槽深	主槽宽
10.56	10.79	226.28	314.68	4.14	6.42	70

2.3　河道演变

2.3.1　河道历史演变概况

漳卫新河,其前身为四女寺减河,是卫运河的分洪河道,也称鬲津河,又称老黄河。明永乐十年(1412 年)为分泄卫运河洪水,开挖四女寺减河,上起德州西北,下段基本利用黄河故道(高津河),开挖后的减河长 200 km,东北流经德州市、陵县、吴桥、宁津、乐陵、庆云,由无棣入海。弘治三年(1490 年),自昂凿小河 12 条。此时,减河起点改到四女寺,并置闸控泄。隆庆十四年(1580 年)重修。清康熙十四年(1675 年)重建。雍正八年(1730 年)将闸改为滚水坝,乾隆二十七年(1762 年),又将坝展宽,至九龙庙入老黄河(高津河)。至清末,四女寺减河基本淤废。

1957 年 11 月,水利部北京勘测设计院编制了《海河流域规划(草案)》,确定漳卫河流域防洪标准为 100 年一遇,据此规划 1957 年冬至 1958 年春,对卫运河、四女寺减河进行了扩大治理,使卫运河行洪流量从 800 m³/s 提高到 1 250 m³/s,四女寺减河行洪流量从 400 m³/s 提高到 850 m³/s,并修建了四女寺枢纽工程。"63·8"洪水后,1966 年 11 月水利电力部海河勘测设计院编制了《海河流域防洪规划(草案)》和《漳卫河流域防洪规划(草案)》,1967 年 6 月水利电力部海河系防洪标准为 100 年一遇,中下游达到防御 50 年一遇。约相当于 1963 年洪水的标准;卫河排涝能力先达到 3 年一遇除涝标准相应流量的 70%。卫运河展堤与挖河相结合,按承泄 4 000 m³/s 进行扩大治理,平槽流量不小于 1 100 m³/s。四女寺减河按行洪 3 500 m³/s 扩大,其中老减河承泄 1 500 m³/s,新辟岔河承泄 2 000 m³/s。四女寺减河改称漳卫新河。

漳卫新河从四女寺枢纽至大口河总长 257 km。岔河自四女寺北进洪闸至大王铺长 43.2 km,为复式断面,河底纵坡 1/11 000,堤距 350 m。老减河自四女寺南进洪闸至大王铺长 53.2 km,为双复式断面,河底纵坡 1/9 000,堤距 300~550 m。大王铺至海丰段河长 147 km,为复式断面,堤距 400~1 200 m。

2.3.2　河道近期演变分析

20 世纪 70 年代开挖漳卫新河以后,30 多年未来大洪水,河道基本没有冲刷。由于河道上有吴桥、袁桥、王营盘、庆云、罗寨、辛集等 6 座拦河闸,辛集闸以上河道潮水不会上溯,辛集闸以下河道海向来沙淤积严重,河道行洪能力下降较多。

漳卫南运河经过历次治理,河道行蓄洪能力有了很大提高。复核河道行洪流量时,漳卫河左右堤属二级堤防,堤防超高取 2.0 m,河道已形成较稳定的断面,河槽及滩地亦相对稳定。大桥跨越河段顺直,主槽基本居中,在工程位置跨越处影响范围内没有形成险工。

2.3.3　河道演变趋势分析

河道经过长时间的历史变迁,最终形成了今天的规模。近年来,河道管理部门始终贯彻"全面规划、统筹兼顾,标本兼治、综合治理"的治理方针,使河道的行洪能力有了很大的提高。

漳卫新河位于黄河以北平原地区,河道及地面比降均较小,雨水汇流速度较缓慢。而且本区汇流很少,以防洪控制运用为主,因此河道演变较有规律,河道演变主要受防洪需要控制,发生自然变化的概率很小。该河道自开挖成型以来,河势稳定,无大的平面变动。受本流域气候及上游地质条件影响,由于洪水造床能力低,加之洪水泥沙含量大,超过了它的输沙降力,河床形态与流域来水、来沙和河床边界条件不相适应,河道以长期缓慢地淤积为主,但在洪水流量较大、上游来水较清时也有下切可能。随着将来河道规划治理工作的进行,河道的演变更加趋于稳定。因此,工程处河段未来不会有大的自然变化,河道变化主要受到人类活动的影响。

依照防洪规划,在经过切滩、挖槽结合退堤等措施治理后,河道断面将趋近规则的设计断面,河势将更加顺畅,河床冲淤将趋于平衡,这些都将为河道安全行洪提供必要的保障。

2.4　防洪评价计算

2.4.1　水文分析计算

2.4.1.1　漳卫新河洪水标准的确定依据

根据《漳卫河系防洪规划》(2008 年),确定 50 年一遇卫运河设计流量为 4 000 m³/s,在南运河分泄 150 m³/s 的基础上,漳卫新河按承泄 3 650 m³/s 扩大治理,当卫运河来洪大于 3 800 m³/s 时,漳卫新河强迫行洪,出现险情向恩县洼分洪;排涝标准按 3 年一遇,排涝流量 1 200 m³/s。

《漳卫河系防洪规划》(200 年)中超标准洪水安排:在发生 100 年一遇洪水时,卫运河按 4 560 m³/s 超标准行洪,至四女寺枢纽流量衰减为 4 480 m³/s,南运河行洪 150 m³/s,漳卫新河最大泄量 4 330 m³/s,若发生险情启用恩县洼滞蓄。

根据桥型布置图,桥梁跨河段长为 855 m。因此,漳卫新河特大桥按 100 年一遇洪水标准进行评价。

2.4.1.2 漳卫新河设计洪水位的确定

根据《河道管理范围内建设项目防洪评价报告编制导则(试行)》等规范的有关规定,在进行防洪评价时,应依据流域规划,进行河段的水力计算,包括河段规划断面设计、规划标准设计洪水的推求,确定规划堤顶高程、水流流速等要素。

工程所处断面洪水位是工程设计和进行防洪评价的重要依据,洪水位确定得准确与否,直接影响到工程的规模、投资、运行安全和防洪安全;同时,洪水位的计算结果将作为冲刷等有关计算的基础,因此较准确地确定工程位置处断面的洪水位非常重要。本次计算采用《漳卫河系防洪规划》(2008 年)的水文计算成果。

漳卫新河属于人工开挖河道,滩槽明显,根据《漳卫河系防洪规划》(2008 年)以及河道的实际情况,综合确定本次计算所用糙率,确定设计流量和排涝流量采用的糙率:主槽 0.022 5,滩地 0.033。

依据《漳卫河系防洪规划》(2008 年),拟建济乐高速公路项目漳卫新河特大桥桥位处河道设计河底高程 4.14 m,设计堤顶高程为 16.20 m,除涝水位为 11.44 m,50 年一遇的设计洪水位为 14.35 m。在规划河道断面条件下,通过谢才公式及曼宁公式估算强迫行洪水位为 14.95 m。

规划断面不同标准设计洪水成果见表 2-6。

表 2-6　规划断面不同标准设计洪水成果

洪水标准	流量/(m³/s)	水位/m
排涝流量	1 200	11.44
50 年一遇	3 650	14.35
100 年一遇	4 330	14.95

2.4.1.3 河道水力计算

(1)设计水力要素近似按明渠均匀流公式计算。计算公式如下:

$$Q = AC\sqrt{Ri} \tag{2-1}$$

式中　A——过水断面面积;m²;

R——水力半径,$R = \dfrac{A}{\chi}$(χ 为湿周,m),m;

C——谢才系数,$C = \dfrac{1}{n}R^{\frac{1}{6}}$($n$ 为河道糙率);

i——河道纵坡比降。

(2)断面平均流速的计算:

$$\bar{v} = \frac{Q}{A} \tag{2-2}$$

式中　$\bar{v}$——断面平均流速,m/s;

Q——断面设计流量，m^3/s；

A——过水断面面积；m^2。

（3）河道滩、槽流量计算方法：当河道发生设计洪水时，水位较高，对于复式河道断面，水流漫滩，滩地上和主槽内水深、糙率相差很大，必须分别对主槽和滩地进行流量计算。近似明渠均匀流计算公式：

$$
\left.
\begin{aligned}
K_1 &= A_1 C_1 \sqrt{R_1} \\
K_2 &= A_2 C_2 \sqrt{R_2} \\
K_3 &= A_3 C_3 \sqrt{R_3} \\
K &= K_1 + K_2 + K_3 \\
Q_1 &= QK_1/K \; ; Q_2 = QK_2/K \; ; Q_3 = QK_3/K \\
Q &= Q_1 + Q_2 + Q_3
\end{aligned}
\right\}
\tag{2-3}
$$

式中　R_1、R_2、R_3——主槽、左边滩、右边滩的水力半径，m；

　　　C_1、C_2、C_3——主槽、左边滩、右边滩的谢才系数，$C = \dfrac{1}{n} R^{\frac{1}{6}}$（$n$ 为糙率）；

　　　Q——河道总流量，m^3/s；

　　　Q_1、Q_2、Q_3——主槽、左边滩、右边滩的流量，m^3/s；

　　　A_1、A_2、A_3——主槽、左边滩、右边滩的过水面积，m^2；

　　　K_1、K_2、K_3——主槽、左边滩、右边滩的流量模数。

对现状河道断面和规划河道断面分别进行计算，计算成果见表 2-7～表 2-10。

表 2-7　工程跨越处现状河道断面要素　　　　　　　　单位：m

左边滩高程	右边滩高程	左边滩宽	右边滩宽	河底高程	主槽深	主槽底宽	主槽顶宽
10.56	10.79	226.28	314.68	3.8	6.76	32	148.76

表 2-8　工程跨越处规划河道断面要素　　　　　　　　单位：m

左边滩高程	右边滩高程	左边滩宽	右边滩宽	河底高程	主槽深	主槽底宽	主槽顶宽
10.56	10.79	226.28	314.68	4.14	6.42	70	122.28

2.4.2　壅水分析计算

漳卫新河特大桥建成后，受大桥桥墩的阻水影响，桥位处河道的行洪水力条件将会产生一定的变化，断面过水面积将会减小，从而使桥梁上游水位产生一定的壅高。济乐高速漳卫新河特大桥桥址处堤中距为 716.8 m。根据设计单位提供的漳卫新河特大桥桥位平面图、桥型布置图，该桥与漳卫新河正交，在漳卫新河堤内共布置桥墩 23 排，其中两排 4 个桥墩，其余每排 6 个桥墩，桥墩直径 1.5 m、2.0 m，桥墩基本按顺水流方向布置。

表 2-9　现状河道断面下水力计算成果

防洪标准	部位	面积/ m²	湿周/ m	水力半径/ m	河道糙率	流量模数	分配流量/ (m³/s)	流速/ (m/s)
排涝	主槽	762.29	149.65	5.09	0.022 5	100 299.61	1 055.00	1.38
排涝	右边滩	252.67	309.88	0.82	0.033	6 682.81	70.29	0.28
排涝	左边滩	227.02	216.42	1.05	0.033	7 102.23	74.70	0.33
排涝	小计	1 241.98				114 084.66	1 200.00	
50年一遇	主槽	1 155.23	149.65	7.72	0.022 5	200 544.89	2 113.77	1.83
50年一遇	右边滩	1 084.43	320.77	3.38	0.033	74 022.75	780.21	0.72
50年一遇	左边滩	811.97	227.31	3.57	0.033	57 496.53	606.02	0.75
50年一遇	小计	3 051.63				332 064.18	3 500.00	
100年一遇	主槽	1 340.53	149.65	8.96	0.022 5	256 977.51	2 708.16	2.02
100年一遇	右边滩	1 486.36	325.90	4.56	0.033	123 870.78	1 305.41	0.88
100年一遇	左边滩	1 097.49	232.44	4.72	0.033	93 601.65	986.42	0.90
100年一遇	小计	3 924.38				474 449.93	5 000.00	

表 2-10　规划河道断面下水力计算成果

防洪标准	部位	面积/ m²	湿周/ m	水力半径/ m	河道糙率	流量模数	分配流量/ (m³/s)	流速/ (m/s)
排涝	主槽	721.77	123.89	5.83	0.022 5	103 861.97	1 092.47	1.51
排涝	右边滩	205.39	317.36	0.65	0.033	4 656.64	48.98	0.24
排涝	左边滩	200.68	229.91	0.87	0.033	5 554.00	58.42	0.29
排涝	小计	1 127.83				114 072.61	1 200.00	
50年一遇	主槽	1 077.85	123.89	8.70	0.022 5	202 639.09	2 135.84	1.98
50年一遇	右边滩	1 146.27	329.37	3.48	0.033	79 770.45	840.79	0.73
50年一遇	左边滩	886.81	241.91	3.67	0.033	63 889.66	673.41	0.76
50年一遇	小计	3 110.92				346 299.20	3 650.00	
100年一遇	主槽	1 150.60	123.89	9.29	0.022 5	225 945.82	2 381.13	2.07
100年一遇	右边滩	1 342.69	331.82	4.05	0.033	103 317.85	1 088.82	0.81
100年一遇	左边滩	1 031.18	244.37	4.22	0.033	815 98.45	859.93	0.83
100年一遇	小计	3 524.47				410 862.12	4 330.00	

根据《公路桥位勘测设计规范》(JTJ 062—2002),本次计算采用下式进行壅水计算:

$$\Delta Z_{\mathrm{m}} = \eta \left(\overline{v}_{\mathrm{M}}^2 - \overline{v}^2 \right), L_{\mathrm{y}} = \frac{2\Delta Z_{\mathrm{m}}}{I_0} \tag{2-4}$$

式中　ΔZ_{m}——桥前最大壅水高度，m；

L_{y}——壅水曲线全长，m；

η——阻水系数；

$\overline{v}_{\mathrm{M}}$——桥下平均流速，m/s；

$\overline{v}$——断面平均流速，m/s；

I_0——水面比降，取 1/9 200（该河段 50 年一遇洪水位比降）。

采用上述壅水公式计算济乐高速漳卫新河特大桥建成后桥前最大壅水高度及壅水长度，计算成果见表 2-11。

表 2-11　壅水计算成果

断面	现状断面			规划断面		
设计频率	排涝	2%	1%	排涝	2%	1%
设计流量/(m³/s)	1 200	3 500	5 000	1 200	3 650	4 330
设计洪水位/m	11.62	14.26	15.51	11.44	14.35	14.95
原河道断面面积/m²	1 241.98	3 051.63	3 924.38	1 127.83	3 110.92	3 524.47
桥墩阻水宽度/m	31.50	35.50	35.50	31.50	35.50	35.50
阻水面积/m²	75.54	165.66	209.86	56.43	155.49	176.61
断面平均流速/(m/s)	0.97	1.15	1.27	1.06	1.17	1.23
桥下平均流速/(m/s)	1.03	1.21	1.35	1.12	1.24	1.29
桥墩阻断的流量/(m³/s)	77.71	200.91	282.48	63.20	192.03	228.42
阻水系数	0.05	0.05	0.05	0.05	0.05	0.05
水面比降	1/9 200	1/9 200	1/9 200	1/9 200	1/9 200	1/9 200
壅水高度/m	0.006	0.008	0.010	0.006	0.007	0.008
壅水长度/m	114.84	142.92	173.51	112.60	136.76	150.37

2.4.3　冲刷与淤积分析计算

天然状况下，由于流域的来水、来沙及河床边界条件的不断变化，河床形态总是处在不断的冲淤变化过程之中。但在相当长的一个时段内，冲淤量可以相互补偿，河道处在一个相对的动态平衡状态。河道上建桥后,破坏了原有的这种平衡状态,由于桥梁压缩水流,桥下流速增大,水流挟沙能力增强,在桥下产生冲刷。随着冲刷的发展,桥下河床加深,过水面积加大,流速逐渐下降;待桥下流速降低到河床土质的允许不冲刷流速时,河道内达到新的输沙平衡状态,冲刷停止。

桥梁桥墩附近河床床面总的冲刷深度,应是河床演变、一般冲刷和局部冲刷深度的总和。实际上,在桥位河段冲刷过程中,上述三种原因引起的冲刷是交织在一起同时进行的。为了便于分析和计算,本次计算时将三种冲刷深度分别进行分析确定,再叠加起来。对于河床的自然演变冲刷,目前尚无可靠的计算方法,且短时间内变化较小,可忽略,在此只对一般冲刷和桥墩局部冲刷进行分析计算。计算时假定局部冲刷是在一般冲刷完成的基础上进行的。

2.4.3.1 一般冲刷计算

根据《公路工程水文勘测设计规范》(JTG C30—2002)和武汉水利电力学院水力教研室编著的《水力计算手册》中的有关规定,在计算一般冲刷时应分河槽和边滩分别计算。根据桥梁设计部门的地质勘探资料,现状河道河槽、边滩均为粉土,采用上述两种方法对黏性土河槽、边滩分别计算后合理选用。

1. 河槽部分

$$h_{\mathrm{p}} = \left[\frac{A_{\mathrm{d}} \dfrac{Q_2}{\mu B_{\mathrm{ej}}} \left(\dfrac{h_{\mathrm{cm}}}{h_{\mathrm{cq}}} \right)^{5/3}}{0.33 \left(\dfrac{1}{I_{\mathrm{L}}} \right)} \right]^{5/8} \qquad （规范公式） \qquad (2\text{-}5)$$

式中 h_{p}——桥下一般冲刷后的最大水深,m;

         μ——桥墩水流侧向压缩系数;

         h_{cm}——桥下河槽部分最大水深,m;

         B_{ej}——河槽部分桥孔过水净宽,m;

         Q_2——桥下河槽部分通过的设计流量,m³/s;

         A_{d}——单宽流量集中系数;

         h_{cq}——桥下河槽平均水深,m;

         I_{L}——冲刷坑范围内黏性土液性指数。

$$h_{\mathrm{p}} = Ph, \quad t = h_{\mathrm{p}} - h \qquad （计算手册公式） \qquad (2\text{-}6)$$

式中 h_{p}、h——冲刷前、后水深,m;

         P——冲刷系数;

         t——一般冲刷深度,m。

通过计算得到的一般冲刷后河槽部分一般冲刷深度计算成果见表2-12、表2-13。

经计算,现状断面河槽一般冲刷深度最大为2.16 m,规划断面河槽一般冲刷深度最大为2.26 m。

表 2-12　河槽部分一般冲刷计算成果（规范公式）

断面	P	A_d	μ	h_{cm}	h_{cq}	B_{cj}	Q_2	I_L	h_p	冲坑深度	冲坑底高程
现状断面	排涝	1.09	0.98	7.82	5.12	138.65	1 055.00	0.64	8.94	1.12	2.68
	2%	1.09	0.98	10.46	7.77	138.65	2 113.77	0.64	12.12	1.66	2.14
	1%	1.09	0.98	11.71	9.01	138.65	2 708.16	0.64	13.63	1.92	1.88
规划断面	排涝	1.08	0.98	7.30	5.90	117.30	1 092.59	0.64	8.11	0.81	3.33
	2%	1.08	0.98	10.21	8.81	117.30	2 135.82	0.64	11.53	1.31	2.83
	1%	1.08	0.98	10.81	9.41	117.30	2 381.20	0.64	12.22	1.42	2.72

表 2-13　河槽一般冲刷计算成果（计算手册公式）

断面	P	h	p	h_p	t	冲坑底高程
现状断面	排涝	5.12	1.24	6.35	1.23	2.57
	2%	7.77	1.24	9.63	1.86	1.94
	1%	9.01	1.24	11.17	2.16	1.64
规划断面	排涝	5.90	1.24	7.32	1.42	2.72
	2%	8.81	1.24	10.93	2.12	2.02
	1%	9.41	1.24	11.67	2.26	1.88

2. 河滩部分

$$h_p = \left[\dfrac{\dfrac{Q_1}{\mu B_{tj}}\left(\dfrac{h_{tm}}{h_{tq}}\right)^{5/3}}{0.33\left(\dfrac{1}{I_L}\right)}\right]^{6/7} \qquad （规范公式） \tag{2-7}$$

式中　Q_1——桥下河滩部分通过的设计流量，$\mathrm{m^3/s}$；

　　　h_{tm}——桥下河滩最大水深，m；

　　　h_{tq}——桥下河滩平均水深，m；

　　　B_{tj}——河滩部分桥孔净长，m；

　　　其他符号见前述说明。

　　　通过计算得桥下河滩部分一般冲刷深。边滩在排涝流量工况下，上滩水深及流速较小，在此不再计算。

　　　计算成果见表 2-14～表 2-17。

表 2-14　左河滩一般冲刷计算成果(规范公式)

断面	P	μ	h_{tm}	h_{tq}	B_{tj}	Q_1	I_L	h_p	冲坑深度	冲坑底高程
现状断面	2%	1.00	4.11	3.55	216.15	606.02	0.64	5.26	1.15	9.41
	1%	1.00	5.36	4.70	221.20	986.42	0.64	7.67	2.31	8.25
规划断面	2%	1.00	3.79	3.67	228.90	673.40	0.64	4.66	0.86	9.70
	1%	1.00	4.39	4.23	231.30	859.95	0.64	5.73	1.34	9.22

表 2-15　左河滩一般冲刷计算成果(计算手册公式)

断面	P	h	p	h_p	t	冲坑底高程
现状断面	2%	3.55	1.30	4.62	1.07	9.49
	1%	4.70	1.30	6.11	1.41	9.15
规划断面	2%	3.67	1.30	4.78	1.10	9.46
	1%	4.23	1.30	5.50	1.27	9.29

经计算,现状断面左河滩一般冲刷深度最大为 2.31 m;规划断面左河滩一般冲刷深度最大为 1.34 m。

表 2-16　右河滩一般冲刷计算成果(规范公式)

断面	P	μ	h_{tm}	h_{tq}	B_{tj}	Q_1	I_L	h_p	冲坑深度	冲坑底高程
现状断面	2%	1.00	3.68	3.37	304.35	780.21	0.64	4.47	0.79	10.00
	1%	1.00	4.93	4.55	309.45	1 305.41	0.64	6.78	1.85	8.94
规划断面	2%	1.00	3.56	3.49	311.90	840.78	0.64	4.26	0.70	10.09
	1%	1.00	4.16	4.05	314.30	1 088.85	0.64	5.31	1.15	9.64

表 2-17　右河滩一般冲刷计算成果(计算手册公式)

断面	P	h	p	h_p	t	冲坑底高程
现状断面	2%	3.37	1.30	4.39	0.79	10.00
	1%	4.55	1.30	5.92	1.37	9.42
规划断面	2%	3.49	1.30	4.53	0.75	10.04
	1%	4.05	1.30	5.27	1.22	9.57

经计算,现状断面右河滩一般冲刷深度最大为 1.85 m;规划断面右河滩一般冲刷深

度最大为 1.22 m。

2.4.3.2　桥墩局部冲刷计算

流向桥墩的水流受到桥墩阻挡,桥墩周围的水流发生急剧变化,水流曲线急剧弯曲,床面附近形成螺旋形水流,剧烈淘刷桥墩周围,特别是迎水面的河床泥沙,开始产生桥墩头部的局部冲刷坑。随着冲刷坑的不断加深和扩大,水流流速减小,挟沙能力也随之降低。与此同时,冲刷坑内发生了土壤粗化现象,留下粗粒土壤,铺盖在冲刷坑表面,增大了土壤的抗冲能力和坑底粗糙度,直到水流对河床泥沙的冲刷作用与河床泥沙抗冲作用达到平衡,冲刷停止。这时冲刷坑外缘与坑底的最大高差,就是一次水流最大局部冲刷深度。

1. 主槽桥墩局部冲刷

根据《公路工程水文勘测设计规范》(JTG C30—2002)和武汉水利电力学院水力教研室编著的《水力计算手册》中的有关规定,根据桥梁设计部门的地质勘探资料,当现状河道河槽发生一般冲刷后,河槽底部处在粉土层,采用上述两种方法对黏性土主槽桥墩局部冲刷分别计算后合理选用。

规范公式:

当 $\dfrac{h_p}{B_1} \geq 2.5$ 时,

$$h_b = 0.83 K_{\xi} B_1^{0.6} I_L^{1.25} V \tag{2-8}$$

当 $\dfrac{h_p}{B_1} < 2.5$ 时,

$$h_b = 0.55 K_{\xi} B_1^{0.6} h_p^{0.1} I_L^{1.0} V \tag{2-9}$$

$$V = 0.33 h_p^{3/5} / I_L \tag{2-10}$$

式中　h_b——桥墩局部冲刷深度,m;

　　　K_{ξ}——墩形系数;

　　　B_1——桥墩计算宽度;

　　　I_L——冲刷坑范围内黏性土液性指数;

　　　V——一般冲刷后墩前行近流速,m/s;

　　　h_p——桥下一般冲刷后的最大水深,m。

计算手册公式:

$$h_b = h_p \left[(v_p / v_H)^n - 1 \right]$$

式中　h_b——桥墩局部冲刷深度,m;

　　　n——墩形系数,取 1/4;

　　　v_p——河床允许的不冲流速;

　　　v_H——建桥后计算水位时的断面平均流速。

依据上述公式,主槽桥墩局部冲刷计算成果见表 2-18、表 2-19。

经计算,现状断面主槽局部冲刷深度最大为 1.50 m,规划断面主槽局部冲刷深度最大为 1.40 m。

表 2-18 主槽桥墩局部冲刷计算成果（规范公式）

断面	P	V	K_ξ	B_1	I_L	h_p	h_b
现状断面	排涝	1.92	1	1.5	0.64	8.94	1.16
	2%	2.30	1	1.5	0.64	12.12	1.40
	1%	2.47	1	1.5	0.64	13.63	1.50
规划断面	排涝	1.81	1	1.5	0.64	8.11	1.10
	2%	2.24	1	1.5	0.64	11.53	1.35
	1%	2.32	1	1.5	0.64	12.22	1.40

表 2-19 主槽桥墩局部冲刷计算成果（计算手册公式）

断面	P	v_p	v_H	n	h_p	h_b
现状断面	排涝	1.03	0.9	0.25	6.35	0.22
	2%	1.21	0.9	0.25	9.63	0.75
	1%	1.35	0.9	0.25	11.17	1.18
规划断面	排涝	1.12	0.9	0.25	7.32	0.41
	2%	1.24	0.9	0.25	10.93	0.90
	1%	1.29	0.9	0.25	11.67	1.11

2. 边滩桥墩局部冲刷

根据《公路工程水文勘测设计规范》（JTG C30—2002）和武汉水利电力学院水力教研室编著的《水力计算手册》中的有关规定，根据桥梁设计部门的地质勘探资料，当现状河道边滩发生一般冲刷后，边滩底部仍处在粉土层，采用上述两种方法对黏性土边滩桥墩局部冲刷分别计算后合理选用。

规范公式：

当 $\dfrac{h_p}{B_1} \geqslant 2.5$ 时，

$$h_b = 0.83 K_\xi B_1^{0.6} I_L^{1.25} V \tag{2-11}$$

当 $\dfrac{h_p}{B_1} < 2.5$ 时，

$$h_b = 0.55 K_\xi B_1^{0.6} h_p^{0.1} I_L^{1.0} V \tag{2-12}$$

$$V = 0.33 h_p^{1/6} / I_L \tag{2-13}$$

式中 h_b——桥墩局部冲刷深度，m；

K_ξ——墩形系数；

B_1——桥墩计算宽度；

I_L——冲刷坑范围内黏性土液性指数；

V——一般冲刷后墩前行近流速，m/s；

h_p——桥下一般冲刷后的最大水深，m。

计算手册公式：

$$h_B = h_p \left[(v_p/v_H)^n - 1 \right]$$

公式符号意义同前。

依据上述公式，边滩桥墩局部冲刷计算成果见表 2-20 ~ 表 2-23。

表 2-20　左边滩桥墩局部冲刷计算成果(规范公式)

断面	P	V	K_ξ	B_1	I_L	h_p	h_b
现状断面	2%	0.68	1	1.5	0.64	5.26	0.41
	1%	0.72	1	1.5	0.64	7.67	0.44
规划断面	2%	0.67	1	1.5	0.64	4.66	0.40
	1%	0.69	1	1.5	0.64	5.73	0.42

表 2-21　左边滩桥墩局部冲刷计算成果(计算手册公式)

断面	P	v_p	v_H	n	h_p	h_b
现状断面	2%	1.21	0.8	0.25	4.62	0.48
	1%	1.35	0.8	0.25	6.11	0.85
规划断面	2%	1.24	0.8	0.25	4.78	0.35
	1%	1.29	0.8	0.25	5.50	0.70

经计算，现状断面左边滩局部冲刷深度最大为 0.85 m，规划断面左边滩局部冲刷深度最大为 0.70 m。

表 2-22　右边滩桥墩局部冲刷计算成果(规范公式)

断面	P	V	K_ξ	B_1	I_L	h_p	h_b
现状断面	2%	0.66	1	1.5	0.64	4.47	0.40
	1%	0.71	1	1.5	0.64	6.78	0.43
规划断面	2%	0.66	1	1.5	0.64	4.26	0.40
	1%	0.68	1	1.5	0.64	5.31	0.41

表 2-23　右边滩桥墩局部冲刷计算成果(计算手册公式)

断面	P	v_p	v_H	n	h_p	h_b
现状断面	2%	1.21	0.8	0.25	4.39	0.40
	1%	1.35	0.8	0.25	5.92	0.82
规划断面	2%	1.24	0.8	0.25	4.53	0.32
	1%	1.29	0.8	0.25	5.27	0.67

经计算,现状断面右边滩局部冲刷深度最大为 0.82 m,规划断面右边滩局部冲刷深度最大为 0.67 m。

2.4.3.3 总冲刷深度

总冲刷深度为一般冲刷深度和局部冲刷深度之和,经以上分析计算,济乐高速漳卫新河特大桥冲刷计算成果见表 2-24 ~ 表 2-29。

表 2-24 主槽冲刷计算成果(规范公式)　　　　　　　单位:m

断面	P	一般冲刷深度	局部冲刷深度	冲刷总深度	底高程	冲刷线高程
现状断面	排涝	1.12	1.16	2.28	3.80	1.52
	2%	1.66	1.40	3.06	3.80	0.74
	1%	1.92	1.50	3.42	3.80	0.38
规划断面	排涝	0.81	1.10	1.91	4.14	2.23
	2%	1.31	1.35	2.67	4.14	1.47
	1%	1.42	1.40	2.82	4.14	1.32

表 2-25 主槽冲刷计算成果(计算手册公式)　　　　　　单位:m

断面	P	一般冲刷深度	局部冲刷深度	冲刷总深度	底高程	冲刷线高程
现状断面	排涝	1.23	0.22	1.45	3.80	2.35
	2%	1.86	0.75	2.61	3.80	1.19
	1%	2.16	1.18	3.35	3.80	0.45
规划断面	排涝	1.42	0.41	1.83	4.14	2.31
	2%	2.12	0.90	3.02	4.14	1.12
	1%	2.26	1.11	3.37	4.14	0.77

表 2-26 左边滩冲刷计算成果(规范公式)　　　　　　　单位:m

断面	P	一般冲刷深度	局部冲刷深度	冲刷总深度	底高程	冲刷线高程
现状断面	2%	1.15	0.41	1.56	10.56	9.00
	1%	2.31	0.44	2.75	10.56	7.81
规划断面	2%	0.86	0.40	1.27	10.56	9.29
	1%	1.34	0.42	1.76	10.56	8.80

表 2-27　左边滩冲刷计算成果(计算手册公式)　　　　　单位:m

断面	P	一般冲刷深度	局部冲刷深度	冲刷总深度	底高程	冲刷线高程
现状断面	2%	1.07	0.48	1.55	10.56	9.01
	1%	1.41	0.85	2.26	10.56	8.30
规划断面	2%	1.10	0.35	1.45	10.56	8.91
	1%	1.27	0.70	1.97	10.56	8.59

表 2-28　右边滩冲刷计算成果(规范公式)　　　　　单位:m

断面	P	一般冲刷深度	局部冲刷深度	冲刷总深度	底高程	冲刷线高程
现状断面	2%	0.79	0.40	1.20	10.79	9.59
	1%	1.85	0.43	2.28	10.79	8.51
规划断面	2%	0.70	0.40	1.09	10.79	9.70
	1%	1.15	0.41	1.56	10.79	9.23

表 2-29　右边滩冲刷计算成果(计算手册公式)　　　　　单位:m

断面	P	一般冲刷深度	局部冲刷深度	冲刷总深度	底高程	冲刷线高程
现状断面	2%	0.79	0.40	1.19	10.79	9.60
	1%	1.37	0.82	2.19	10.79	8.60
规划断面	2%	0.75	0.32	1.07	10.79	9.72
	1%	1.22	0.67	1.89	10.79	8.90

由以上计算结果可知,河道发生 100 年一遇洪水时桥下主槽总冲刷最大深度为 3.42 m,左边滩总冲刷最大深度为 2.75 m,右边滩总冲刷最大深度为 2.28 m。

2.4.3.4　淤积分析

根据调查、地质资料及河道淤积特性分析,因气候原因,漳卫新河多数时间上游来水量较小,河道长期处于淤积状态。因此,淤积基本不影响工程的安全和运行。

2.5　防洪综合评价

2.5.1　与现有水利规划的关系及影响分析

漳卫新河大王铺以下至辛集段规划治理方案为切滩、挖槽结合退堤。挖槽指大王铺以下至辛集段行洪 3 650 m³/s,主槽疏浚至原设计断面,底宽 70 m,边坡 1:4~1:5,在不影响两岸排涝条件下,行洪能力通过加高两岸堤防解决。

漳卫新河特大桥所在河道断面现状河底高程 3.80 m,左右堤顶高程分别为 16.15 m、15.96 m,堤高 3 m 左右,堤顶中心距 716.8 m,临水侧边坡 1:4。大桥跨河段长 855 m,与漳卫新河主河道正交,由该桥平面布置图和现场勘察情况可以看出,其布置满足该河段河堤堤距宽度的要求。

漳卫新河治理规划正在实施过程中,为提高河道的防洪能力,将采取切滩、挖槽、退堤等措施,规划一旦实施,济乐高速漳卫新河特大桥布置在河道内的桥墩将会对河道切滩造成一定影响,增加切滩的难度。因此,河道规划实施时,漳卫新河特大桥建设单位应积极配合漳卫新河的治理,尽量减少对漳卫新河总体规划的影响。

2.5.2　与现有防洪标准的适应性分析

济乐高速漳卫新河特大桥位于漳卫新河干流,规划防洪标准为 50 年一遇,并考虑 100 年一遇的超标准洪水。根据《公路桥涵设计通用规范》(JTG D60—2004),漳卫新河特大桥设计防洪标准为 300 年一遇,高于河道现有防洪标准。

2.5.3　对行洪安全的影响分析

根据漳卫新河特大桥桥型布置图,公路大桥布置处漳卫新河河道顺直,与漳卫新河正交,在漳卫新河堤内共布置桥墩 23 排,其中两排 4 个桥墩,其余每排 6 个桥墩,桥墩直径 1.5 m、2.0 m,桥墩基本按顺水流方向布置,最大阻水面积为 209.86 m²,占河道总宽度的 5.3%。

由于桥墩布置在河道断面内,缩小了大桥断面处的有效行洪面积,桥位处河道的行洪水力条件将会产生一定的变化,桥下断面过水面积减少,水流在桥前受到压缩,发生壅水现象,对河道排涝和行洪安全产生不利的影响。由于桥墩的壅水,在河道治理时就要在壅水范围内考虑适当增加堤顶高程,以保证河道达到防洪标准。根据分析计算,在现状工程情况下,当发生排涝流量洪水时,桥墩阻水面积为 75.54 m²,水位壅高为 0.006 m,壅水长度为 114.84 m,桥墩阻断的流量为 77.71 m³/s;当发生 50 年一遇设计洪水时,桥墩阻水面积为 165.66 m²,水位壅高为 0.008 m,壅水长度为 142.92 m,桥墩阻断的流量为 200.91 m³/s;当发生 100 年一遇设计洪水时,桥墩阻水面积为 209.86 m²,水位壅高为 0.01 m,壅水长度为 173.51 m,桥墩阻断的流量为 282.48 m³/s。

总体上看,水位壅高的高度和桥墩阻水面积都不大,对桥位处上游河道排涝和泄洪期间的安全有一定的影响,但影响不大。同时,排涝和行洪时桥下水流受阻,流态变化对河道边坡将有不同程度的冲刷,因此应采取相应的防护措施,以保障河道的行洪安全。建议对大堤临水坡进行浆砌块石护砌,增加桥位处的过流能力,防止对大堤造成冲刷。

2.5.4　对河势稳定的影响分析

根据漳卫新河特大桥桥型布置图,大桥中心线与漳卫新河正交。桥墩的存在容易在桥头形成水袋而产生三角环流,不仅威胁桥梁安全,而且对河势会产生一定的影响。同时,在河道内建设大桥,将改变河道断面的原有状态,使水流的流态、流势发生变化,破坏天然河流已形成的动力平衡状态,促使桥址上游区段内发生泥沙淤积,桥下发生河道冲刷现象。据估算,在现状条件下漳卫新河特大桥桥址处发生排涝流量洪水时,主槽总冲刷深度为 2.28 m,左右边滩基本上无冲刷;发生 50 年一遇洪水时,主槽总冲刷深度为 3.06 m,左边滩总冲刷深度为 1.56 m,右边滩总冲刷深度为 1.20 m;发生 100 年一遇洪水时,主槽总冲刷深度为 3.42 m,左边滩总冲刷深度为 2.75 m,右边滩总冲刷深度为 2.28 m。

建桥后,在河道排涝和泄洪时加重了河道冲刷,对河势稳定有一定的影响。桥位上游若泥沙淤积量太大,也会改变现有河道的结构及河道水流的流势、流态,对河道的排涝和泄洪产生一定的不利影响。因实测资料限制,对桥位处河道淤积情况难以进行定量分析。但是从长远来看,水沙冲淤存在着动态平衡,河床基本稳定。

2.5.5　对堤防的影响分析

根据《堤防工程设计规范》(GB 50286—98)的规定,跨堤的桥墩或桥台不应布置在堤身断面内,以防止对堤防稳定和防洪安全造成不利影响。

根据漳卫新河特大桥桥型布置图,漳卫新河特大桥 12 号、34 号桥墩离大堤迎水坡较近,11 号、35 号桥墩离大堤背水坡较近,施工中应采取措施避免对堤防产生影响。堤防迎水坡受桥墩阻力影响,水流紊乱,可能会对堤防临水坡产生冲刷,应采取相应防护措施。

为了保证堤身稳定和防洪安全,建议桥梁的设计单位对大堤临水坡、背水坡做防护处理。设计单位应对防护处理做出专门的设计和投资预算。

为了保证堤身稳定和防洪安全,跨河堤段桥面集中排水应布置在堤身范围以外。

2.5.6　对防汛抢险的影响分析

漳卫新河堤顶是防汛抢险和工程管理的通道,根据《堤防工程设计规范》(GB 50286—98)的规定,必须留有 4.5 m 的净空高度。

大桥所在断面跨越河堤时,现状左、右堤顶高程分别为 16.15 m、15.96 m,规划左、右堤顶高程都为 16.20 m。堤顶处最低设计梁底高程分别为 20.72 m、20.70 m,左、右堤顶净空为 4.52 m、4.50 m,桥下净空满足堤顶以上净空 4.5 m 高的防汛交通要求,不会对防汛抢险的交通产生不利影响。桥位处设计堤顶净空计算见表 2-30。

表 2-30　漳卫新河特大桥堤顶净空　　　　　　　　　　　　　　　单位:m

设计堤顶高程		设计梁底高程		设计堤顶净空	
左堤	右堤	左堤	右堤	左堤	右堤
16.20	16.20	20.72	20.70	4.52	4.50

由于大桥水下桥墩施工安排在非汛期,且采用木桩围堰法,工程的施工对防汛抢险基本没有影响。

2.5.7 建设项目防御洪涝的设防标准与措施的适当性分析

济南至乐陵高速公路项目的等级为高速公路,根据《公路桥涵设计通用规范》(JTG D60—2004),特大桥防洪标准为 300 年一遇,桥梁设计防洪标准满足规范要求。

当发生 100 年一遇洪水时,现状断面和规划断面的洪水位分别为 15.51 m、14.95 m,河道内梁底高程最低为 19.879 m。梁底高程满足 100 年一遇洪水位加 0.5 m 的要求。

根据冲刷计算结果,河槽最低冲刷线高程为 0.38 m,左边滩最低冲刷线高程为 7.81 m,右边滩最低冲刷线高程为 8.51 m。桥梁设计图中,河槽底桥墩桩顶的最大高程为 0.3 m,左边滩未护砌部分桥墩桩顶最大高程为 7.7 m,右边滩未护砌部分桥墩桩顶最大高程为 8.4 m。由冲刷计算结果可以看出,设计桥墩桩及桩承台顶高程均在冲刷线高程以下。建议桥梁设计单位根据本次冲刷计算成果复核墩台基础的埋置深度,核算桩体强度,确保桥梁安全。

2.5.8 对第三人合法水事权益的影响分析

(1)工程范围内的土地占用、树木赔偿等问题由建设单位另行妥善解决。

(2)建设部门在施工过程中,宜与水利部门保持密切联系,及时了解雨情、水情,以确保施工单位的人身、财产安全。

(3)在施工建设中不可避免地会短期影响河道两岸的排灌渠系,给两岸的农田灌溉、雨期排水等造成一定的影响。因此,施工期要合理布置施工场地,若需截断河、沟、渠,应开挖临时性的沟渠进行导流、排水或输水,以免影响其排水和灌溉,在工程完工后应及时恢复原状,并确保恢复质量。

(4)工程弃料不应侵占河道断面,竣工前将弃料运至指定的弃料场或地点并整平,以利环保。

(5)在拟建漳卫新河特大桥上下游附近无险工段,对上游涵闸无影响。

2.6 工程影响防治措施与工程量估算

为减轻由于建桥后上游水位壅高、水流流势变化及局部流速加大对桥梁上、下游两岸的影响,保证河道的行洪安全和高速公路的运输安全,应对桥梁上、下游堤身迎水坡进行浆砌块石护坡。济乐高速漳卫新河特大桥两岸大堤上游护砌长度均为 100 m,下游护砌长度均为 200 m,护砌高度为堤防迎水坡堤脚至堤顶。同时,在桥位处左右堤防上下游各 50 m,对堤身进行黏土浆充填灌浆,排数为 1 排,孔距为 2 m,灌浆深度入堤身基础以下 1 m。

堤防护坡工程采用 M10 浆砌块石结构,护坡厚 0.3 m。护坡工程基础左堤深 2.75 m、右堤深 2.3 m,宽均为 1.0 m。为适应地基沉陷和温度变形的要求,护坡每隔 20 m 设一道伸缩缝,缝宽 2 cm,缝内以闭孔泡沫板填塞。

根据有关概(估)算标准及设计资料,初步估算济乐高速漳卫新河特大桥堤防护坡工程造价约为 155.22 万元(见表 2-31)。

护坡工程施工过程中,应严格执行《堤防工程施工规范》(SL 260—98)和其他相关的施工技术规范。

表 2-31　济乐高速漳卫新河特大桥护坡工程量及投资估算

项目编号	项目名称	单位	工程量合计	单价/元	价格分项小计/元
1	M10 浆砌块石护坡	m^3	2 449.12	283.52	694 376
2	M10 浆砌石齿墙	m^3	3 174.00	235.53	747 572
3	闭孔泡沫板	m^2	122.46	63.43	7 767
4	黏土浆充填灌浆	m	683.40	150	102 510
1~4 项合计					1 552 225

2.7　结论与建议

2.7.1　结论

济乐高速公路跨越漳卫新河修建漳卫新河特大桥,根据《河道管理范围内建设项目防洪评价报告编制导则(试行)》的有关规定,本次评价对因漳卫新河特大桥的建设造成的河道水文、壅水、冲刷等各方面影响进行了分析计算,对防洪影响进行了综合评价。

(1)漳卫新河特大桥工程标准为 300 年一遇洪水设计,符合《公路桥涵设计通用规范》(JTG D60—2004)要求;漳卫新河特大桥桥位处漳卫新河干流现状、规划防洪标准均为 50 年一遇。漳卫新河特大桥设计防洪标准高于河道现有规划防洪标准的要求。

(2)济乐高速漳卫新河特大桥河道内桥墩处最低梁底高程为 19.879 m,而桥址处 100 年一遇最高洪水位为 15.51 m,根据《公路工程水文勘测设计规范》(JTG C30—2002),梁底高程超过洪水位与壅水高度之和以上 0.5 m。

(3)根据壅水计算结果,总体上看水位壅高的高度和桥墩阻水面积都不大,对桥位处上游河道排涝和泄洪期间的安全有一定的影响,但影响不大。同时,行洪时桥下水流受阻,流态变化对河道边坡将有一定程度的冲刷。

(4)建桥后增加了河道冲刷,对河势稳定有一定的影响。但是从长远来看,水沙冲淤存在动态平衡,河床基本稳定。

(5)漳卫新河特大桥 12 号、34 号桥墩离大堤迎水坡较近,11 号、35 号桥墩离大堤背水坡较近,施工中应采取措施避免对堤防产生影响。堤防迎水坡受桥墩阻力影响,水流紊乱,可能会对堤防临水坡产生冲刷,应采取相应防护措施。为了保证堤身稳定和防洪安全,跨河堤段桥面集中排水应布置在堤身范围以外。

(6)堤顶处最低设计梁底高程分别为 20.72 m、20.70 m,左堤、右堤顶净空分别为 4.52 m、4.50 m,桥下净空满足堤顶以上净空 4.5 m 高的防汛交通要求,不会对防汛抢险的交通产生不利影响。

（7）工程弃料不应侵占河道断面，竣工前将弃料运至指定的弃料场或地点并整平，以利环保。

2.7.2　建议

（1）为减轻建桥后上游水位壅高、水流流势变化及局部流速加大对桥梁上、下游两岸的影响，保证河道的行洪安全和高速公路的运输安全，应对桥梁上、下游堤身迎水坡用M10浆砌块石护坡。

（2）为了保证堤身稳定和防洪安全，建议桥梁的设计单位对大堤迎水坡、背水坡做防护处理。设计单位应对防护处理做出专门的设计和投资预算。

（3）建议桥梁设计单位根据此次冲刷计算结果复核墩台基础的埋置深度，核算桩体强度，确保桥梁安全。

（4）工程范围内的土地占用、树木赔偿等问题由建设单位另行妥善解决。

（5）建设项目施工期间，为了不影响河道及其他水利工程的正常运用以及本工程的安全，建议开工前建设单位补充完善施工组织设计，并报请水利主管部门同意后方可施工。

（6）建设部门在施工过程中，宜与水利部门保持密切联系，及时了解雨情、水情，以确保施工单位的人身、财产安全。

（7）在施工建设中不可避免地会短期影响河道两岸的排灌渠系，给两岸的农田灌溉、雨期排水等造成一定的影响。因此，施工期要合理布置施工场地，若需截断河、沟、渠，应开挖临时性的沟渠进行导流、排水或输水，以免影响其排水和灌溉，在工程完工后应及时恢复原状，并确保恢复质量。

第3章

高速公路桥梁跨越渠道输水影响评价

3.1 项目简介

3.1.1 桥梁设计概况

龙泉村大桥在淄博市周村区萌水镇扈家村跨越引孝济范干渠,该桥中心桩号为 K77+797。桥梁跨径布置为 22×20 m(孔数×跨径),全桥共 5 联,桥梁全长 445.08 m,路线前进方向与桥墩走向的右交角为 90°。新建桥梁上部结构采用预应力混凝土(后张)小箱梁,先简支后连续;下部结构桥台采用肋板台,桥墩采用柱式墩,墩台采用桩基础,柱径 1.1 m。

桥址位于萌山水库引孝济范干渠桩号 16+250 处,扩建方式为老桥左侧新建桥梁,新桥与老桥净间距 1 000 m,干渠内未布置桥墩,渠道范围内梁底设计最低标高为 100.231 m。

3.1.2 桥梁施工期度汛方案

3.1.2.1 工程特点

(1)该桥下部结构无桥墩位于现状渠道中。

(2)该桥所处的干渠水位受引水流量的影响,桥墩及基础施工应得到渠道管理部门批准。

3.1.2.2 临时道路

经当地政府和河道管理部门的同意,可利用既有干渠道路作为施工便道,结合既有村道通行。

3.1.2.3 主要施工方案

(1)下部钻孔灌注桩施工方案如下:

首先从渠道两岸修筑便道,之后确定桩位,并安装钻机就位。采用成套钻孔机械,钻孔及浇筑水下混凝土一次成型,既保证工程质量,又能加快工程进度。

(2)下部桥墩施工方案如下:

首先凿除桩头,之后安装系梁模板并安装钢筋,浇筑混凝土,系梁混凝土达到设计强度后安装桥墩模板并吊装桥墩钢筋笼,浇筑混凝土,至设计高程后安装盖梁模板和钢筋,浇筑盖梁混凝土,并养护至设计强度。

(3)上部桥梁结构施工方案如下:

桥梁上部结构采用预应力混凝土小箱梁。首先在预制场集中进行箱梁预制,之后采用架桥机将预制好的箱梁架设到桥墩上,之后将相邻箱梁进行连接,伸缩缝施工,浇筑防撞护栏等附属结构。

3.2 渠道情况

3.2.1 渠道概况

3.2.1.1 渠道基本情况

1965~1969 年,萌山水库流域内实际年引水量平均为 1 262 万 m³,仅为设计多年平均来水量的 36.7%,为了扩大水源,经淄博市革命委员会同意,于 1968 年 11 月开工兴建,1970 年 5 月完成了引孝济范干渠,它既可引用孝妇河部分来水,又是太河水库建成后实现太河、萌山两库相连,淄河、孝妇河、范阳河三河相通的淄博市"东水西调"水利网络的组成部分。引孝济范干渠位于萌山水库流域东南侧,渠首位于孝妇河干流桩号 16+470 淄川区昆仑镇回东村东侧孝妇河的左岸,渠首以上集水面积 243.7 km²。水渠沿孝妇河西岸,流经淄川区的昆仑、二里、黄家铺和周村区的萌水等四处乡镇,于萌水镇张家庄村南注入萌山水库,全长 17.3 km,水渠通水能力为 6 m³/s。自 1970 年汛期开始引水,到 1992 年累计调引孝妇河水量 4.0 亿 m³,多年平均引水量 1 816 万 m³,极大缓解了水库供水区域的供水紧张状况。

3.2.1.2 桥址处渠道断面要素

桥址处现状渠道断面要素见表 3-1,桥梁方向渠道横断面见图 3-1。

表 3-1 桥址处现状渠道断面要素

断面	左岸渠顶高程/m	右岸渠顶高程/m	渠底高程/m	渠道底宽/m	渠道比降	说明
现状断面	95.68	95.68	93.68	4.40	0.000 58	矩形断面

3.2.2 水文气象

龙泉村大桥与范阳河 1 号大桥属于同一区域,水文气象情况大概相同,不再详述。

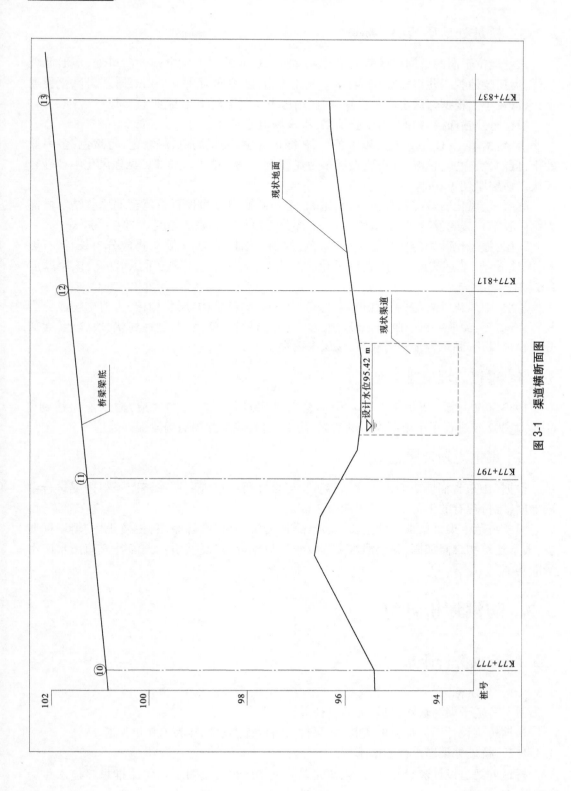

图 3-1 渠道横断面图

3.2.3　桥址处地质情况

该场地位于淄博市周村区萌水镇龙泉村西 300 m 的水力发电站大门口处,地形低缓起伏,为丘陵地貌。孔口标高 95.41 m。地下水静止,水位埋深 4.40 m,属基岩风化裂隙水,水量较小。根据邻区水质分析结果,区内地下水对混凝土无腐蚀性。

根据野外钻探揭露和室内试验结果,将该场地地层自上而下分述如下:

①层:素填土(Q_4^{ml}),杂色,以土黄色、灰绿色为主,夹红褐色、灰绿色、土黄色,多为亚砂土,低塑性,中密,稍湿;红褐色夹层多为亚黏土,硬塑,稍湿。局部可见强风化中粒砂岩碎块。该层厚度 1.0 m。

②层:全风化砂岩(J),浅紫红色,饱和,主要矿物成分为长石、石英,泥质胶结。局部为钙质胶结。裂隙发育,岩芯呈块碎状,少部分为短柱状。该层厚度 0.70~1.00 m。

③层:强风化砂岩(J),紫红色-浅灰色,饱和。细粒结构,主要矿物成分为长石、石英等,泥质胶结,节理裂隙发育,裂面风化成黏土状,岩芯呈块碎状,手压可碎。该层厚度 1.6~11.3 m。

④层:中风化砂岩(J),紫红色-灰绿色,饱和。细粒结构,层状构造,主要矿物成分为长石、石英等,泥质—钙质胶结,节理裂隙较发育,裂面铁染,岩芯呈短柱状,块碎状,大部分矿物未风化,黏土含量相对较高,该层未揭穿。

3.2.4　渠道治理情况及现状

1983 年 2 月至 1990 年 6 月对引孝济范干渠进行了护砌和改造,输水能力达到 7 m³/s。2002 年进行了干渠明渠段的清淤、防渗处理,暗渠隧洞坍塌段加固处理等。

3.2.5　渠道规划及实施安排

根据《山东省淄博市萌山水库增容工程可行性研究报告》,引孝济范干渠需要进行维修加固,维持现有的工程设计输水能力 7 m³/s。

引孝济范干渠维修加固的主要内容有渠道清淤,重建毁坏暗墙,更换毁坏、坍塌护坡板,渠系建筑物维修加固,新建泄水工程及管理设施等,恢复其引孝妇河补充萌山水库水量的功能。

3.3　防洪评价计算

3.3.1　水文分析计算

3.3.1.1　防洪标准

引孝济范干渠为输水渠道,无防洪任务。

根据桥梁设计部门提供的资料,龙泉村大桥设计洪水标准为 100 年一遇。

3.3.1.2　桥址处渠道水位的推求

桥址处渠道设计流量为 7 m³/s,渠道坡度为 0.58‰,按明渠均匀流推求渠道水位为

95.42 m。

桥址处渠道水位根据谢才公式及曼宁公式计算,公式为

$$Q = AC\sqrt{Ri} \tag{3-1}$$

$$C = \frac{1}{n}R^{1/6} \tag{3-2}$$

式中　A——过水断面面积,m^2;

　　　R——水力半径,m;

　　　C——谢才系数;

　　　n——渠道糙率,取 0.025;

　　　i——渠道纵坡比降,取 0.0006。

龙泉村特桥桥址处渠道水位成果见表 3-2。

表 3-2　龙泉村特桥桥址处渠道水位成果

断面类型	设计流量/(m^3/s)	设计水位/m
现状断面	7.0	95.42

3.3.2　壅水分析计算

龙泉村大桥在渠道内未设置桥墩,桥梁建设不会造成渠道壅水。

3.3.3　冲刷与淤积分析计算

龙泉村大桥在渠道内未设置桥墩,桥梁建设不会造成桥址处渠道冲刷与淤积。

3.4　防洪综合评价

3.4.1　与现有水利规划的关系及影响分析

龙泉村大桥跨越渠道处无水利规划。桥址处现状渠道左右岸高程均为 95.68 m,大桥左右岸梁底设计高程分别为 101.491 m、101.433 m,高于现状渠顶高程,满足梁底高于渠顶 4.5 m 的净空要求。

根据桥梁设计部门提供的资料,该大桥桥梁全长为 445.08 m,桥梁与渠道正断面夹角为 60°,桥址处渠道沿桥梁方向的宽度为 8.80 m,桥梁长度满足堤肩距宽度要求。

3.4.2　与现有防洪标准的适应性分析

龙泉村大桥桥址处渠道为输水渠道,无防洪任务。

3.4.3　对渠道输水、河势稳定的影响分析

根据龙泉村大桥桥型布置图,跨越渠道时调整桥墩桩基位置对渠道进行了避让,在渠

道断面内未布置桥墩,但桥墩桩基距渠道最近距离为 0.7 m,施工中可能会损坏渠道,对渠道的过流能力、水流流态、流势在一段时间内可能有一定影响。

3.4.4 对堤防、护岸及其他水利工程和设施的影响分析

根据《堤防工程设计规范》(GB 50286—2013)等有关规范、文件的规定,桥墩或桥台不应布置在堤身断面内,以防止对堤防稳定和防洪安全造成不利影响。

龙泉村大桥两岸无堤防,不存在对堤防的影响问题。桥墩桩基距渠道最近距离为 0.7 m,施工中可能会损坏渠道,对渠道的护岸在一段时间内可能有一定影响,对渠道其他水利设施无影响。

3.4.5 对渠道正常管理通行影响分析

根据《堤防工程设计规范》(GB 50286—2013)的规定,为满足防汛抢险、堤防管理等方面的需要,堤顶净空一般不小于 4.5 m。

龙泉村大桥现状渠道左右岸高程均为 95.68 m,大桥左右岸梁底设计高程分别为 101.491 m、101.433 m,左右岸渠顶净空分别为 5.56 m、5.50 m,满足渠道正常管理通行等方面的要求。

3.4.6 建设项目防御洪涝的设防标准与措施的适当性分析

按《防洪标准》(GB 50201—2014),桥梁设计防洪标准为 100 年一遇,适应规范要求。

根据《公路工程水文勘测设计规范》(JTG C30—2015),梁底高程应超过洪水位与壅水高度、床面淤高、漂浮物高度等之和。桥址处渠道设计水位为 95.42 m,经计算,超高约为 0.5 m,梁底高程至少为 95.92 m。桥梁设计中渠道范围内梁底设计最低标高为 100.231 m,梁底高程满足渠道设计水位加超高的要求。

3.4.7 对第三人合法水事权益的影响分析

引孝济范干渠的主要任务是输水,桥梁附近没有引用保护水源,上下游没有取水口,没有码头等建筑物,所以桥梁的修建不会影响第三人合法水事权益。

3.5 工程影响防治措施

桥墩桩基距渠道最近距离为 0.7 m,施工中可能会损坏渠道,桥梁建设对桥址处渠道输水和护岸稳定有一定不利影响。施工中渠道如有损坏,施工单位应及时恢复原样,不能影响渠道输水。

3.6 结论与建议

(1)龙泉村大桥工程防洪标准为 100 年一遇洪水设计,符合《防洪标准》(GB 50201—2014)的要求;桥址处渠道无防洪任务,龙泉村大桥设计防洪标准高于《防洪标准》的

要求。

（2）根据《公路工程水文勘测设计规范》（JTG C30—2015），梁底高程应超过洪水位与壅水高度、床面淤高、漂浮物高度等之和。经计算，梁底高程满足规范要求。

（3）大桥在渠道内未设置桥墩，桥址处渠道不壅水。

（4）大桥在渠道内未设置桥墩，桥梁建设不会造成桥址处渠道冲刷与淤积。

（5）渠顶处梁底高程高于渠顶高程，满足渠道防汛抢险、正常通行等管理方面的要求。

（6）施工中应加强对渠道的保护，渠道如有损坏，施工单位应及时恢复原样，不能影响渠道输水。

第4章

铁路大桥跨越河道防洪影响评价

4.1 项目简介

4.1.1 桥梁设计概况

胶济铁路大桥在淄博市张店区马尚镇大套庄西 500 m 处跨越孝妇河,孝妇河是张店区与周村区的界河,该桥中心桩号 K65+716。全桥共 20 联 87 跨,桥梁全长 2 256.27 m,路线前进方向与桥墩走向的右交角为 75°,右侧分离新建桥宽 20.75 m。分离新建桥梁上部结构第 1 联、第 2 联、第 19 联、第 20 联为预应力混凝土现浇连续板,第 11 联为 T 构转连续箱梁,其余联采用预应力混凝土(后张)简支 T 梁,桥面连续,预制吊装施工;下部结构桥台采用肋板台,桥墩采用柱式墩,墩台采用桩基础,柱径 1.40 m。

桥址位于河道中泓线桩号 K47+170 处,桥址断面以上流域面积 1 052 km²。扩建方式为右侧分离,新建桥墩与老桥桥墩大部分顺直布置,桥墩布置方向与水流方向夹角 8°,河道范围内梁底设计最低标高为 45.078 m。

4.1.2 桥梁施工期度汛方案

4.1.2.1 工程特点

(1)该桥下部结构 11~18 号桥墩位于现状河槽中。

(2)该桥所处的孝妇河水位受季节降雨的影响较大,河道内桥墩桩基施工应在非汛期进行,并且要得到河道管理部门批准。

4.1.2.2 临时道路

经当地政府和河道管理部门的同意,可利用既有河边道路作为施工便道,结合既有村道通行。

4.1.2.3　主要施工方案

（1）下部钻孔灌注桩施工方案如下：

首先从河流两岸修筑便道，桥墩位置构筑围堰，之后确定桩位，并安装钻机就位。采用成套钻孔机械，钻孔及浇筑水下混凝土一次成型，既保证工程质量，又能加快工程进度。

（2）下部桥墩施工方案如下：

首先凿除桩头，之后安装系梁模板并安装钢筋，浇筑混凝土，系梁混凝土达到设计强度后安装桥墩模板并吊装桥墩钢筋笼，浇筑混凝土，至设计高程后安装盖梁模板和钢筋，浇注盖梁混凝土，并养护至设计强度。

（3）上部桥梁结构施工方案如下：

桥梁上部结构采用预应力混凝土（后张）简支 T 梁。首先在预制场集中进行 T 梁预制，之后采用架桥机将预制好的 T 梁架设到桥墩上，然后将相邻 T 梁进行连接，伸缩缝施工，浇筑防撞护栏等附属结构。

4.2　河道情况

4.2.1　河道概况

4.2.1.1　河道基本情况

孝妇河发源于博山区禹王山、青石关、岳阳山一线中低山区，流经博山、淄川、张店、周村，在马尚与范阳河汇合，再经桓台县汇入小清河。孝妇河自源头至河口全长 135.9 km，其中干流全长 112 km，淄博市境内河道总长 108.6 km，干流长 83 km。干流宽度 20～100 m，其中：博山段宽 20～30 m，淄川至周村段 100 m 左右，桓台段 50 m 左右。主要支流有岳阳河、白杨河、石沟河、般阳河、漫泗河、范阳河、淦河、新月河、西猪龙河等，其中范阳河是最大支流。孝妇河总流域面积 1 705 km²，其中淄博市管辖流域面积 1 413 km²，占全流域面积的 82.9%。

4.2.1.2　桥址处河道断面要素

桥址处河道断面要素见表 4-1，桥梁方向河道横断面见图 4-1。

表 4-1　桥过处河道断面要素

断面	左岸岸顶高程/m	左槽边坡	右岸岸顶高程/m	右槽边坡	河底高程/m	河槽底宽/m	河道比降	边滩宽度/m	左/右堤身边坡	上口宽度/m
现状断面	39.05	1:2.40	40.56	1:2.2	32.40	168.83	0.001 3	左 3.75 右 3.68	左 1:2.2 右 1:1.8	201.45

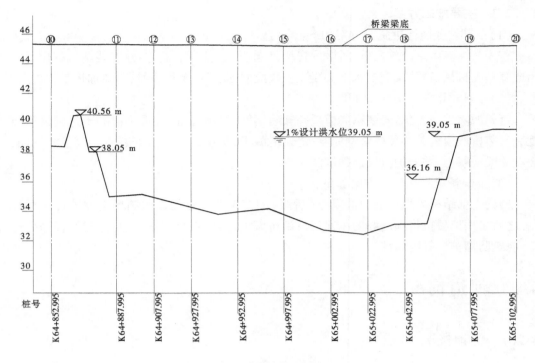

图 4-1 河道横断面

4.2.2 水文气象

流域地处暖温带,属半湿润半干旱的大陆性气候。其四季特征分明,春季风大干旱,夏季湿热多雨,秋季晴朗干旱,冬季干冷少雪。由于流域内地形复杂,所以气候多异,有明显的地方性天气特点。南部山区的气候年降水量较大,多集中在夏季,但一般不易成涝;冰雹较多,汛期多暴雨,常常造成山洪暴发;冬季寒冷,年平均气温偏低,无霜期短,春霜期结束较晚,冻土期长。北部平原的气候年降水量适中,也多集中于夏季,常有 3 年一遇的水涝;冬季寒冷干燥,少雨雪;春季少雨干旱,多西南大风,为全省春旱严重地区之一;秋季晴朗干旱,但夏旱危害尤大,平均 5 年一小旱,10 年一大旱。

流域内多年平均降水量为 628 mm,多年平均蒸发量 1 319 mm,降水量年际变化较大,由东南向西北递减。最大降水量为 1 454.1 mm,最小降水量为 242.2 mm,夏季(6~8月)350.4~424.7 mm,占全年降水量的 60%。历史最大冻土深小于 0.5 m,多年平均风速为 3.3 m/s,常年风向以南、西南风为主,夏季多西南风,冬季多西北风。

4.2.3 桥址处地质概况

场地上部为第四系陆相冲积黏性土和河床相砂土。下部为二叠系上石盒子组粉细砂岩夹煌斑岩脉。现按地基岩土的成因类型、岩性及物理力学性质差异,分层描述如下。

4.2.3.1 陆相冲积层（Q^al）

①亚黏土：土黄色，塑性低，偶见角砾，软塑状态，表层为种植土，含植物根系，该层分布范围广，中压缩性。

②粉、细砂：灰黄色，偶见姜结石、砾石，含黏性土团块，稍湿，松散。

③圆砾：浅灰色，成分为硅质，砾间充填黏性土，饱和，松散，该层仅分布于河床中。

④亚黏土：土黄、褐黄色，塑性低，偶见铁锰质结核。硬塑状态，表层为种植土，含植物根系，中性压缩。

⑤黏土：褐黄、局部浅黄色，含少量姜结石和铁锰质结核，姜结石含量一般 5%～15%，偶见角砾、碎石，硬塑－坚硬状态，该层厚度变化大，中压缩性。

⑥姜结石夹黏土：灰白夹褐黄色，姜结石含量高达 60% 以上，块径 2～5 cm，偶见大于 10 cm，含少量铁锰质结核，坚硬状态。

4.2.3.2 基岩风化层（P_{2s}）

⑦全风化粉砂岩：浅灰绿、浅灰黄色，岩石风化强烈，呈砂土、黏性土状，手捏易成粉末。

⑧强风化粉砂岩、细砂岩：浅黄绿、浅灰绿色，岩石风化裂隙很发育，且充填方解石细脉，岩石破碎呈角砾状、碎石状，手折可断，局部锤击易碎，水稳性差。

⑨强风化煌斑岩：灰黄色、褐黄色，在 20 号孔为闪长玢岩。岩石风化裂隙很发育，且充填方解石细脉，岩芯破碎呈碎石状，较硬，锤击易碎。

⑩弱风化粉砂岩、细砂岩：浅黄绿色、灰绿色，泥质、钙质胶结，岩石节理裂隙发育，岩芯呈碎块状、短柱状，局部破碎，锤击易碎，一锤击可碎，水稳性差。

⑪弱风化煌斑岩脉：深灰色夹灰黄色，节理裂隙发育，且充填方解石细脉，节理两侧褪色明显，岩芯呈短柱状，质硬，锤击不易碎。

⑫微风化粉砂岩、细砂岩：浅黄绿色、灰绿色，泥质、钙质胶结，岩石较新鲜，岩芯完整，节理发育，且充填方解石细脉，锤击可碎。

⑬微风化煌斑岩：深灰色，岩石新鲜，节理发育，且充填方解石细脉，岩芯完整呈短柱状，质硬，锤击不易碎。

4.2.4 河道治理情况及现状

孝妇河是淄博市骨干河道之一，历史上经过多次治理。2003 年，淄博市水利与渔业局牵头联合编制完成了《淄博市孝妇河流域综合治理规划报告》。综合治理工程分为三个阶段，其中近期包括第一、第二阶段，远期为第三阶段。第一阶段为 2003～2006 年，主要完成梅家河以上河道治理；第二阶段为 2007～2010 年，主要完成梅家河以下河段扩挖疏浚、剩余建筑物工程、易涝区及滞洪区治理；第三阶段为 2011～2020 年，主要完成支流河道工程、剩余水土保持工程。

根据《淄博市孝妇河黄土崖段综合整治项目施工图设计》，黄土崖二期治理工程下游治理到滨博高速孝妇河桥老桥上游侧，未涉及新建胶济铁路大桥建设范围。

现状河道弯曲，许多河段较窄，部分河段无堤防。

4.2.5　水利规划及实施安排

根据《孝妇河流域防洪规划报告》，张店城区段按 100 年一遇洪水设防，博山、淄川和周村城区段按 50 年一遇洪水设防，胜利闸至木佛闸之间按 110 m³/s 设防，木佛闸以下按 110 m³/s 设防，其余河段按 20 年一遇洪水设防。桥址位于张店城区段，河道按 100 年一遇洪水设防。桥址处规划已实施，与原规划内容不完全一致。

4.3　河道演变

孝妇河古昔名称繁多，下游(桓台段)多次尾摆。据文献记载，有袁水、陇水、垄河、孝感泉等名称。《水经注》称泷水，《齐乘》曰笼水，《太平寰宇记》曰孝水。桓台段在清康熙三十三年以前由岔河直入小清河，以后改由东宰村入境，经里仁一带入麻大湖。清乾隆三十六年(1771 年)，又向南大摆动一次，此后基本再未摆动。下游河道坡降小，水流较平缓。由于河道洪水均由当地暴雨引起，地质条件又变化不大，所以河道来沙条件也变化不大，经过多年运行，河床形态与流域来水、来沙和河床边界基本相适应，河床总体上变形已基本趋于平衡。

孝妇河未来的演变，仍取决于人们对河道的治理活动。随着社会的发展、经济实力的增强，人们对河道的防洪除涝安全要求不断提高。河槽加宽，堤防加高培厚，使河道控导洪、涝水排泄，制止河床平面摆动的能力增强。河槽断面增大后流速减小，河床更加趋于稳定。今后长时间内，河床仍将在人为因素的影响下进行局部变化，不会出现大的平面位移与河底下切。而且随着人们治理措施的进一步合理，河道会更加稳定。

4.4　防洪评价计算

4.4.1　水文分析计算

4.4.1.1　防洪标准

根据《孝妇河流域防洪规划报告》，胶济铁路大桥桥址位于张店城区段，河道防洪标准为 100 年一遇。

根据桥梁设计部门提供的资料，胶济铁路(跨越孝妇河)大桥设计洪水标准为 100 年一遇。

4.4.1.2　桥址处设计洪水的推求

胶济铁路(跨越孝妇河)大桥桥址以上流域面积 1 052 km²，干流坡度为 1.3‰。设计洪水成果采用《孝妇河流域防洪规划报告》中的计算成果。

4.4.1.3　桥址处设计洪水

桥址处设计洪水位采用《孝妇河流域防洪规划报告》中的计算成果，河道糙率河槽取 0.025，边滩取 0.03，河道纵坡比降为 0.001 3，桥址洪水位成果见表 4-2。

表 4-2　胶济铁路(跨越孝妇河)大桥桥址以上设计洪水成果

断面	$P = 1\%$	
	设计流量/(m^3/s)	设计洪水位/m
现状断面	1 518	39.05

4.4.2　壅水分析计算

胶济铁路大桥建成后,受桥墩的阻水影响,桥位处河道的行洪条件将会产生一定的变化,断面过水面积减小,从而造成桥梁上游水位产生一定的壅高。该桥在河道内布置了 8 排桥墩,每排 7 个桥墩,桥墩布置方向与水流方向夹角为 8°,每个桥墩直径为 1.40 m,根据《水力学与桥涵水文》,用以下公式进行壅水计算:

$$\Delta Z_m = \eta(\bar{v}_M^2 - \bar{v}^2) \tag{4-1}$$

$$L_y = \frac{2\Delta Z_m}{I_0} \tag{4-2}$$

式中　ΔZ_m——桥前最大壅水高度,m;

L_y——壅水曲线全长,m;

η——阻水系数;

$\bar{v}_M$——桥下平均流速,m/s;

$\bar{v}$——断面平均流速,m/s;

I_0——水面比降,取 0.002 93。

胶济铁路(跨越孝妇河)大桥壅水计算成果见表 4-3。

表 4-3　胶济铁路(跨越孝妇河)大桥壅水计算成果

项目	现状断面
设计频率	1%
设计流量/(m^3/s)	1 518
设计洪水位/m	39.05
天然河道过水面积/m^2	1 259.42
阻水面积/m^2	74.48
阻水面积占总面积比/%	5.91
断面平均流速/(m/s)	1.21
桥下平均流速(m/s)	1.28
壅水高度/m	0.009
壅水长度/m	14.49
桥上水位/m	39.06

4.4.3 冲刷与淤积分析计算

天然状况下,由于流域的来水、来沙及河床边界条件的不断变化,河床形态总是处在不断的冲淤变化过程之中。但在相当长的一个时段内,冲淤量可以相互补偿,河道处在一个相对的动态平衡状态。河道上建桥后,破坏了原有的这种平衡状态,由于桥梁压缩水流,致使桥下流速增大,水流挟沙能力增强,在桥下产生冲刷。随着冲刷的发展,桥下河床加深,过水面积加大,流速逐渐下降;待桥下流速降低到河床土质的允许不冲流速时,河道内达到新的输沙平衡状态,冲刷停止。

桥梁墩台附近河床床面总的冲刷深度,应是河床演变、一般冲刷和局部冲刷深度的总和。实际上,在桥位河段冲刷过程中,上述三种原因引起的冲刷是交织在一起同时进行的。为了便于分析和计算,本次计算时将三种冲刷深度分别进行分析确定,然后叠加起来。对于河床的自然演变冲刷,目前尚无可靠的计算方法,且短时间内变化较小,可忽略,在此只对一般冲刷和桥墩局部冲刷进行分析计算。计算时假定局部冲刷是在一般冲刷完成的基础上进行的。

现状断面河床为亚黏土,根据《公路工程水文勘测设计规范》(JTG C30—2015)中的有关规定,对于黏性土河床采用下式进行冲刷计算。

4.4.3.1 一般冲刷计算

1. 河槽部分

$$h_{\mathrm{p}} = \left[\frac{A_{\mathrm{d}} \dfrac{Q_2}{\mu B_{\mathrm{ej}}} \left(\dfrac{h_{\mathrm{cm}}}{h_{\mathrm{cq}}} \right)^{5/3}}{0.33 \left(\dfrac{1}{I_{\mathrm{L}}} \right)} \right]^{5/8} \qquad (4\text{-}3)$$

式中　h_{p}——桥下一般冲刷后的最大水深,m;

A_{d}——单宽流量集中系数,取 1.0~1.2,本项目均取 1.1;

Q_2——桥下河槽部分通过的设计流量,m³/s,当河槽能扩宽至全桥时取用 Q_{p};

I_{L}——冲刷坑范围内黏性土液性指数,适用范围为 0.16~1.19,本项目均取液性指数平均值;

h_{cm}——桥下河槽最大水深,m;

h_{cq}——桥下河槽平均水深,m;

μ——桥墩水流侧向压缩系数;

B_{ej}——桥孔过水净宽,m。

2. 河滩部分

$$h_{\mathrm{p}} = \left[\frac{\dfrac{Q_1}{\mu B_{\mathrm{tj}}} \left(\dfrac{h_{\mathrm{tm}}}{h_{\mathrm{tq}}} \right)^{5/3}}{0.33 \left(\dfrac{1}{I_{\mathrm{L}}} \right)} \right]^{6/7} \qquad (4\text{-}4)$$

式中　Q_1——桥下河滩部分通过的设计流量,m³/s;

h_{tm}——桥下河滩最大水深,m;

h_{tq}——桥下河滩平均水深,m;

B_{tj}——河滩部分桥孔净长,m;

μ——桥墩水流侧向压缩系数;

I_L——冲刷坑范围内黏性土液性指数,适用范围为 0.16~1.19,本项目均取液性指数平均值。

4.4.3.2 墩台局部冲刷计算

当 $\dfrac{h_p}{B_1} \geqslant 2.5$ 时,

$$h_b = 0.83 K_\xi B_1^{0.6} I_L^{1.25} V \tag{4-5}$$

当 $\dfrac{h_p}{B_1} < 2.5$ 时,

$$h_b = 0.55 K_\xi B_1^{0.6} h_p^{0.1} I_L^{1.0} V \tag{4-6}$$

$$V = \frac{0.33}{I_L} h_p^{3/5} \quad (河槽) \tag{4-7}$$

$$V = \frac{0.33}{I_L} h_p^{1/6} \quad (河滩) \tag{4-8}$$

式中 h_b——桥墩局部冲刷深度,m;

K_ξ——墩形系数;

B_1——桥墩计算宽度;

I_L——冲刷坑范围内黏性土液性指数,适用范围为 0.16~1.48。

V——一般冲刷后墩前行近流速,m/s;

h_p——桥下一般冲刷后的最大水深,m。

胶济铁路(跨越孝妇河)大桥冲刷计算成果见表4-4。

表 4-4　胶济铁路(跨越孝妇河)大桥冲刷计算成果　　　　　单位:m

桥名	项目		现状断面		
			一般冲刷	局部冲刷	合计
胶济铁路大桥	河槽冲刷深度	1%	1.31	1.10	2.41
	左河滩冲刷深度	1%	1.11	—	1.11
	右河滩冲刷深度	1%	0.09	—	0.09

4.5　防洪综合评价

4.5.1　与现有水利规划的关系及影响分析

桥址处现状河道左岸高程为 39.05 m,右岸高程为 40.56 m,桥址处左、右岸梁底设计高程分别为 45. 748 m、45. 136 m,满足梁底高于岸顶 4. 5 m 的要求。

根据桥梁设计部门提供的资料,该大桥桥梁全长为 2 256. 27 m,桥梁与河道正断面夹角为 7°,桥址处河道沿桥梁方向的宽度为 202. 96 m,桥梁长度满足堤肩距宽度要求。

4.5.2 与现有防洪标准的适应性分析

胶济铁路大桥跨越孝妇河处河道防洪标准为 100 年一遇;根据桥梁设计部门提供的资料,胶济铁路大桥设计洪水标准为 100 年一遇,适应河道防洪标准。

4.5.3 对河道泄洪的影响分析

根据胶济铁路大桥桥型布置图,在河道断面内共布置桥墩 8 组,增大了桥墩阻水面积,缩小了桥址断面处的有效行洪面积,桥前发生壅水。按现状断面分析,当发生 100 年一遇设计洪水时,水位壅高 0. 009 m,壅水长度为 14. 49 m,建桥后阻水面积占河道过水面积比例为 6% 左右,桥梁的建设对河道的行洪能力将产生一定的不利影响。

4.5.4 对河势稳定的影响分析

由于胶济铁路大桥在河道行洪断面内布置有桥墩,桥梁建成后桥址处河道断面的原有情况将会发生变化,桥下的水流流态、流势较建桥前将会有所变化,水流条件的改变将会使得桥下局部河段的河槽发生冲刷现象。

根据现状断面计算,建桥后发生 100 年一遇洪水时,河槽总冲刷深度为 2. 41 m。

建桥后桥址处河道现状断面面积减少、流速增大,加大了对河道的冲刷,对河势会产生一定不利影响。

4.5.5 对堤防、护岸及其他水利工程和设施的影响分析

根据《堤防工程设计规范》(GB 50286—2013)等有关规范、文件的规定,桥墩或桥台不应布置在堤身断面内,以防止对堤防稳定和防洪安全造成不利影响。

根据胶济铁路大桥桥型布置图,在堤身断面内未布置桥墩和桥台,对堤防稳定和防洪安全无影响。但由于近岸流速、流向的变化,该项目建设对河道两岸的稳定有一定影响,应采取一定工程措施,加强对护岸的保护。对其他水利设施无影响。

4.5.6 对防汛抢险的影响分析

根据《堤防工程设计规范》(GB 50286—2013)的规定,为满足防汛抢险、堤防管理等方面的需要,堤顶净空一般不小于 4. 5 m。

胶济铁路大桥跨越孝妇河处现状河道左、右岸高程分别为 39. 05 m、40. 56 m,左、右岸梁底设计高程分别为 45. 748 m、45. 136 m,左、右岸岸顶净空分别为 6. 70 m、4. 58 m,满足防汛抢险、堤防管理等方面的要求。

4.5.7 建设项目防御洪涝的设防标准与措施的适当性分析

按《防洪标准》(GB 50201—2014),桥梁设计防洪标准为 100 年一遇,适应规范要求。

根据《公路工程水文勘测设计规范》(JTG C30—2015),梁底高程应超过洪水位与壅水高度、床面淤高、漂浮物高度等之和。桥址处 100 年一遇洪水位为 39.05 m,经计算,超高约为 1.0 m,梁底高程至少为 40.05 m。桥梁设计中河道范围内梁底设计最低标高为 45.078 m,梁底高程满足 100 年一遇洪水位加超高的要求。

4.5.8　对第三人合法水事权益的影响分析

孝妇河主要任务是防洪、灌溉,桥梁附近没有引用保护水源,上下游没有取水口,没有码头等建筑物,所以桥梁的修建不会影响第三人合法水事权益。河道取土会造成桥墩埋深的减小,对桥梁稳定有较大影响,桥梁管理部门和河道管理部门应在桥梁上下游划定禁止取土区。

4.6　工程影响防治措施

桥梁建设影响了桥址处河道岸坡稳定和防洪安全,应采取护岸固基等防洪影响补救工程措施,建设单位应委托具有相应资质的设计单位进行专项设计。

4.7　结论与建议

4.7.1　结论

(1)胶济铁路大桥工程防洪标准为 100 年一遇洪水设防,符合《防洪标准》(GB 50201—2014)的要求;桥址处孝妇河设计洪水标准为 100 年一遇,胶济铁路大桥设计防洪标准满足河道规划防洪标准的要求。

(2)根据《公路工程水文勘测设计规范》(JTG C30—2015),梁底高程应超过洪水位与壅水高度、床面淤高、漂浮物高度等之和。经计算,梁底高程满足规范要求。

(3)根据壅水计算结果,建桥后上游水位壅高的高度较小,对河道的行洪能力影响较小。

(4)建桥后行洪时桥下水流受阻,加重了河道冲刷,流态变化对河道边坡将有不同程度的冲刷,对河势稳定有一定的影响。

(5)堤顶处梁底高程高于现状堤顶高程,且净空满足防汛抢险、堤防管理等方面的要求。

(6)胶济铁路大桥第 19 孔桥墩对孝妇河南岸沥青观光路局部占压,设计单位采用对沥青路改路的方案,改路宽度 6 m(不小于现状路宽),左侧现状为断头路,改路平面线形结合黄土崖二期治理工程情况进行顺接。

4.7.2　建议

(1)为减轻由于建桥后上游水位壅高、水流流势变化及局部流速加大等对桥梁上下游两岸的影响,保证河道的行洪安全和公路的运输安全,建议对桥址处上下游岸(堤)坡进行护坡保护,具体措施详见《滨莱高速公路淄博西至莱芜段改扩建工程跨河桥梁防洪影响补救工程专项设计》。

（2）建议下一阶段,桥梁设计单位根据本次水文成果、下阶段详细的地勘资料,进一步复核桥梁冲刷深度,进而确定墩台基础的埋置深度,核算墩体强度,做好桥梁桩基和附近路基的保护,以确保桥梁安全。

第 5 章

定向钻穿越河道防洪影响评价

5.1　项目简介

5.1.1　建设位置

烟台港原油管道复线工程穿越北胶莱河位置位于河道中泓桩号 81+100 处,右岸穿越点位于莱州市土山镇海沧刘家村西北、海沧三村以南,左岸穿越点位于潍坊昌邑市海天化工园区以南。

工程穿越位置及河势分别见图 5-1、图 5-2。

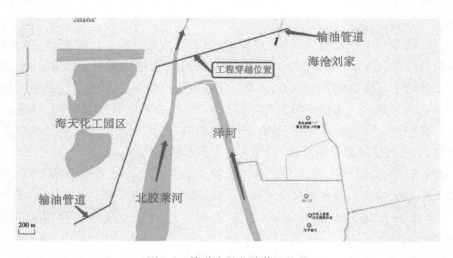

图 5-1　管道穿越北胶莱河位置

图 5-2　管道穿越处北胶莱河河势

5.1.2　建设规模与防洪标准

根据设计资料,该穿越工程等级为大型,设计洪水频率为100年一遇。

5.1.3　穿越工程设计方案

5.1.3.1　定向钻穿越平面布置

输油管道采用定向钻3次穿越北胶莱河,定向钻A1穿越入土点位于海天化园区工围墙东侧,受线路走向影响,管道只能在此入土,需修建施工便道进入,周边场地相对平坦,地势较开阔,地形较平坦,出土点位于北胶莱河右岸,后侧场地空旷,可作为管道预制回拖场地。

定向钻A2穿越入土点与A1入土点相近,位于海天化工园区围墙东侧,受线路走向影响,管道只能在此入土,需修建施工便道进入,周边场地相对平坦,地势较开阔,地形较平坦,出土点位于北胶莱河左岸滩地,管道后侧场地平坦开阔,可作为管道预制回拖场地。

定向钻A3穿越入土点位于海天化工园区南侧,胶莱河现状大堤外侧,场地开阔,可通过堤顶道路进入,周边场地开阔、平坦,利于钻机布置,出土点位于胶莱河左岸滩地,与A2出土点相近,后侧场地平坦开阔,可作为管道预制回拖场地。

定向钻A1穿越入土点到出土点水平长度1 780.05 m,与河道夹角120°;定向钻A2穿越入土点到出土点水平长度1 990.42 m,顺现状河道布置;定向钻A3穿越入土点到出土点水平长度570.66 m,与河道夹角41°;定向钻穿越段线路接点间水平长度4 160.66 m。

河道内管道联头处平均挖深9 m左右,考虑分3级开挖,每两级之间设置3.5 m宽的马道,各土层推荐开挖坡比素填土1:1.5、中粗砂1:3.0、粉土1:2.0,具体坡比应根据现场试挖确定,最底层一级边坡采用拉森Ⅵ小趾口钢板桩支护,桩长12 m,支护高度不大于4 m,钢板桩内侧应设置水平支撑。

定向钻A1管线入土角定为9°,出土角定为6°;定向钻A2管线入土角定为9°,出土角定为6°,定向钻A3管线入土角定为8°,出土角定为6°;穿越管段的曲率半径为1 500D(D为钢管外径)。光缆套管穿越曲线同主管线,间距10 m。

根据岩土工程勘察报告分析,穿越地层岩性主要为素填土、粉土、中粗砂、全风化花岗岩、强风化花岗岩岩层。根据穿越管径和出入土角、曲率半径及地质情况的要求,穿越管线从入土侧弹性敷设到水平段,A1、A2穿越管道水平段管底标高为-28.0 m,管顶最小埋深24.7 m,A3穿越管道水平段管底标高为-16.3 m,管顶最小埋深16.05 m,河道内管道连头处管顶最小埋深8.10 m,满足相关规定要求。

定向钻穿越两端设警示牌各1个,北胶莱河两侧设警示牌、穿河桩各1个。

5.1.3.2　管材选择

管道规格为Φ711×14.2 L450M SAWL PSL2,防腐方式为普通级高温型三层PE+保温层+高密度聚乙烯层+环氧玻璃钢外护层。光缆套管规格为Φ114×8.0镀锌钢管。

5.2　河道基本情况

5.2.1　河道概况

北胶莱河位于半岛中部,穿越处为烟台市和潍坊市的界河。北胶莱河发源于平度市蓼兰镇南姚家村,经潍坊市的高密市和昌邑市、青岛市的平度市、烟台市的莱州市4个县级市,于莱州市海沧西流入渤海莱州湾,总长94 km,流域面积3 750 km²,其中山丘区面积1 000 km²。其主要支流有白沙河、小辛河、小康河、柳沟河、五龙河、现河、龙王河、北胶新河、双山河、淄阳河、泽河、漩河等22条。

北胶莱河流域位于泰沂山脉与昆嵛山脉之间。东部为昆嵛山脉的大泽山区,西部为泰沂山脉尾闾的丘陵地带,东临泽河,西界潍河,总体地势是东南部、南部高,北部低,东北部为山丘区,下游为滨海平原区。流域形状呈南北方向长的长方形,河流是东南—西北向。流域最大宽度64 km,最小宽度8 km,各支流均正交于干流,成羽状河系。1966年在干流右岸大泽山区和平原区交界处,开挖了泽河,沿途穿截了右岸所有一级支流,控制流域面积888 km²。

流域内建有中型水库5座(双山、黄山、大泽山、淄阳、马旺),总库容7 467万 m³,总集水面积202.4 km²。

5.2.2　水文气象

北胶莱河流域属海洋性气候,根据流域实测降水资料(1951—2010年)统计分析,多年平均降水量为620.3 mm,汛期(6~9月)多年平均降水量为455.3 mm,占全年降水量的

73%,且往往集中为几次暴雨,强度大,雨量集中,间隔短,形成两头旱、中间涝的特点。流域多年平均天然径流深101.88 mm,多年平均径流量3.96亿 m³。

流域年平均气温12.7 ℃,月平均气温7月最高,为25.8 ℃,1月最低,为-2.2 ℃;月最高气温出现在1997年7月,月平均气温34.3 ℃,月最低气温出现在1977年1月,月平均气温-9.3℃;日最高气温出现在1982年5月25日,为39.6 ℃,日最低气温出现在1972年1月27日,为-16.8℃。平均初霜日为10月20日,终霜日为4月8日。最早初霜日出现在1954年10月4日,最晚终霜日出现在1954年4月30日。

5.2.3　工程地质

5.2.3.1　地形地貌

穿越位置位于昌邑市与莱州市交界处、海沧刘家村西北方向、海沧三村以南,穿越处地貌单元为河流冲积平原。穿越处河道基本顺直,勘察期间水流较小,两岸地形平坦、开阔,钻孔孔口绝对标高介于0.35~2.96 m。

5.2.3.2　地层结构及岩性

根据岩土工程勘察报告,穿越场区勘察深度(40.0 m)内根据区域地质资料及岩土钻探情况,场地地层共分为8个主要工程地质层2个亚层,分述如下:

①层:素填土,以黄褐色为主,局部为灰褐色、灰黄色等,1号孔以东以黄褐-灰黄色为主,土质以粉细砂为主,局部夹粉土团块。1号孔(包含1号孔)以西以灰黄-褐灰色为主,土质以粉土为主,含砂砾。12号、13号、14号孔处,土质为粉质黏土,含砂砾。本层土质为松散状态。场区普遍分布,厚度0.40~1.70 m,平均0.91 m;层底标高-0.12~2.17 m,平均1.14 m;层底埋深:0.40~1.70 m,平均0.91 m。

②层:粉土,褐黄色,土质均匀,中密-密实,湿,干强度及韧性低。场区普遍分布,厚度2.20~3.40 m,平均2.93 m;层底标高-1.92~-0.28 m,平均-1.14 m;层底埋深2.60~3.80 m,平均3.33 m。

③层:中粗砂,以黄褐、褐黄、灰褐色为主,土质不均匀,分选性差,局部为砾砂、圆砾,局部含有少量贝壳碎屑,中密。场区普遍分布,厚度3.50~7.30 m,平均5.06 m;层底标高-8.82~-1.83 m,平均-4.47 m;层底埋深4.60~10.90 m,平均6.53 m。

④层:粉质黏土,灰黄-褐黄色,土质不均匀,可塑,切面稍光滑,韧性及干强度中等,含少量姜石,粒径1~3 cm,局部含粉土薄层。场区普遍分布,厚度4.10~4.30 m,平均4.17 m;层底标高-9.35~-8.78 m,平均-8.98 m;层底埋深9.50~9.80 m,平均9.67 m。

⑤层:粉土,黄褐-灰黄色,土质均匀,密实,湿,干强度及韧性低,含氧化铁斑。场区普遍分布,厚度1.50~6.70 m,平均3.81 m;层底标高-13.82~-6.36 m,平均-8.95 m;层底埋深8.90~15.70 m,平均10.99 m。

⑤′层:粉质黏土,黄褐-灰褐色,土质不均匀,局部含砂粒,可塑,切面稍光滑,韧性及干强度中等。场区普遍分布,厚度0.80~2.10 m,平均1.46 m;层底标高:-9.50~-8.20 m,平均-8.72 m;层底埋深10.40~11.20 m,平均10.74 m。

⑥层:粉质黏土,黄褐-灰褐色,地质成因为残积土,岩性呈粉质黏土,土质不均匀,含砂粒、姜石、氧化铁斑,硬塑、斜长石碱性长石均已风化成高岭土,石英颗粒基本保持原岩中的形态,含白云母碎片。场区普遍分布,厚度 3.40~11.80 m,平均 7.79 m;层底标高 −19.95~−14.86 m,平均 −17.78 m;层底埋深 17.60~22.10 m,平均 19.66 m。

⑥′层:粗砂,以灰白色为主,岩芯呈砂柱状,原岩结构构造完全破坏,主要矿物成分为长石、角闪石,风化剧烈,岩芯呈砂柱状,粉质黏土长柱状,轻微重胶结,采取率大于 80%。场区普遍分布,厚度 0.20~4.70 m,平均 1.99 m;层底标高 −16.90~−9.83 m,平均 −12.66 m;层底埋深 12.60~18.40 m,平均 14.98 m。

⑦层:全风化花岗岩,浅黄-灰黄色,原岩结构构造完全破坏,主要矿物成分为长石、角闪石,风化剧烈,岩芯呈砂柱状,粉质黏土长柱状,轻微重胶结,采取率大于 80%。场区普遍分布,厚度 4.00~9.50 m,平均 6.11 m;层底标高:−25.30~−23.10 m,平均 −23.97 m;层底埋深 24.60~27.50 m,平均 25.76 m。

⑧层:强风化花岗岩,以浅黄-灰白色为主,岩芯呈砂柱状,局部含粗砂粉质黏土,原岩结构构造完全破坏,主要矿物成分为长石、石英、角闪石,风化剧烈,偶见碎块状,采取率大于 80%。该层未穿透。

5.2.3.3　地下水

根据岩土工程勘察报告,根据地下水埋藏条件,场区地下水类型为第四系孔隙水及松散岩类裂隙水,主要赋存于冲洪积砂及表层碎屑状风化岩中,其补给来源主要靠大气降水及地表水(沙河)渗入补给,地下水动态受大气降水和沙河水动态影响明显。

拟建场地穿越段地下水稳定水位埋深 0.21~2.65 m,标高 0.20~0.47 m。场地地下水对混凝土结构均具弱腐蚀性;对钢筋混凝土结构中的钢筋在长期浸水条件下具弱腐蚀性,在干湿交替条件下具强腐蚀性;对钢结构具中腐蚀性。

5.2.3.4　场地稳定性

根据岩土工程勘察报告,整体上穿越地段两侧地形稍有起伏,河流两侧为人工修建的坝堤,河床与穿越两侧堤坝地面相对高差 6.3~7.3 m。穿越区域内未发现崩塌、泥石流、滑坡、岩溶及其他不良地质现象。

根据场地地层分布规律、埋深情况及工程物理性质,⑧层强风化花岗岩层可作为定向钻水平穿越层位。

工程场区分布地层均为第四系松散盖层,管道施工采用定向钻穿越河道,可能存在塌孔及冒浆现象危及堤防安全,建议施工期根据地层岩性特征调整泥浆比重、黏度及压力,保证工程安全。

5.2.3.5　场地地震效应

穿越场区西岸位于潍坊昌邑市,基本地震动峰值加速度值为 0.15g,抗震设防烈度为 7 度,地震动反应谱特征周期为 0.40 s,设计地震分组为第二组;穿越场区东岸位于烟台莱州市,基本地震动峰值加速度值为 0.15g,抗震设防烈度为 7 度,地震动反应谱特征周期为 0.45 s,设计地震分组为第三组。拟建场地土的类型为中软土,建筑场地类别为

Ⅱ类。

拟建场地在 20.0 m 深度范围内的饱和粉土、砂土均不发生液化现象。拟建场地抗震地段为建筑抗震一般地段。

5.2.4 河道治理情况

1966 年，在北胶莱河干流右岸平度市境内大泽山区和平原交界处开挖了泽河，拦截白沙河、现河、龙王河、双山河、淄阳河等支流至海沧南汇入干流，长约 82 km，流域面积 822 km²；泽河开挖后，拦截右岸山洪直泄入海，初步解决了干流右岸洪涝混流的矛盾。

1975 年，按照《胶莱流域北胶莱河防洪除涝规划》，高密市、平度市对干流进行扩挖，并开挖北胶新河后，北胶莱河干流防洪标准为 20 年一遇，但涉及边界、资金等诸多问题，该方案并没有彻底实施，北胶莱河干流流河至泽河口段虽进行了治理，但未达到设计标准，流河至姚家村段未治理；北胶新河虽开挖了河道，展宽了堤距，但河底高程未达到标准，尾工较多。

自 1975 年治理后，北胶莱河一直未进行治理，虽然列入 1999 年《山东半岛流域规划》和 2013 年《山东半岛流域综合规划》中，但由于种种原因，工程并未实施；目前北胶新河口以上河道干流基本不存在堤防，河槽不满足 5 年一遇除涝标准；北胶新河口以下堤型基本完整，但堤顶高程达不到 20 年一遇防洪标准，且堤身较单薄，加之北胶莱河为潍坊市、青岛市两界河，涉及诸多因素，历史遗留问题多，总体防洪能力较差。干流内现有拦河闸 1 座，有烟潍、昌平、国防、高平、周平 5 座公路桥，沿河两岸现有排水涵洞 139 座。

5.2.5 现有水利工程及其他设施情况

工程定向钻穿越位置在泽河口下约 450 m，接近入海口，拟建项目处上下游附近无其他水利设施。

定向钻穿越北胶莱河处现状河底高程−2.28 m，两岸都有堤防，左岸堤顶高程 6.00 m，右岸堤顶高程 4.90 m，河口宽 962.72 m，河槽河底宽 117.54 m，河槽上口宽 143.10 m，左滩底高程 2.01 m，左滩宽度 305.50 m，右滩底高程 2.01 m，右滩宽度 492.61 m。河道现状断面要素见表 5-1，穿越处北胶莱河河道现状见图 5-3、图 5-4。

表 5-1 河道现状断面要素

河道名称	河槽		河滩				堤顶高程		河口宽/m
	河底宽/m	河底高程/m	左滩底高程/m	右滩底高程/m	左滩宽度/m	右滩宽度/m	左堤/m	右堤/m	
北胶莱河	117.54	−2.28	2.01	2.01	305.50	492.61	6.00	4.90	962.72

图 5-3 北胶莱河右岸现状

图 5-4 北胶莱河左岸现状

5.2.6 水利规划及实施安排

1999 年,山东省水利厅编制完成了《山东半岛防洪规划》,北胶莱河治理方案为:干流河槽疏浚扩挖,同时对现有堤防加高培厚,无堤段筑新堤,同时对沿河建筑物进行改建、扩建,为满足交通及生产要求,拟建生产桥。工程防洪标准为 20 年一遇,除涝标准为 5 年一遇。

2013 年,山东省发展和改革委员会、山东省水利厅批复的《山东半岛流域综合规划》中,北胶莱河治理标准为:除涝标准为 5 年一遇,防洪标准近期为 20 年一遇,远期为 50 年一遇。对干流进行开挖疏浚,对堤防加高培厚,无堤段筑新堤,同时对沿河建筑物进行改建、扩建、重建,并拟建生产桥;对支流小辛河、小康河、北胶新河三条河流进行景观设计。

参考《山东半岛流域综合规划》,对工程穿越北胶莱河处做规划断面,规划断面的河底高程 0 m,河槽河底宽 360 m,堤顶上口宽 1 800 m,堤顶高程 6.76 m,堤顶宽 6 m,堤防迎水坡均采用 1:3,背水坡均采用 1:2。河道规划断面要素见表 5-2,河道规划横断面见图 5-5。

表 5-2 河道规划断面要素

河道名称	河槽			河滩				堤顶高程		堤顶上口宽/m
	河底宽/m	河口宽/m	河底高程/m	左边滩底高程/m	右边滩底高程/m	左边滩宽度/m	右边滩宽度/m	左堤/m	右堤/m	
北胶莱河	360	372	0	2	2	699.72	699.72	6.76	6.76	1 800

根据《潍坊市北胶莱河岸线利用管理规划报告》,管道穿越处左岸位于岸线控制利用区。根据《莱州市北胶莱河岸线利用规划》,管道穿越处右岸位于岸线保留区。

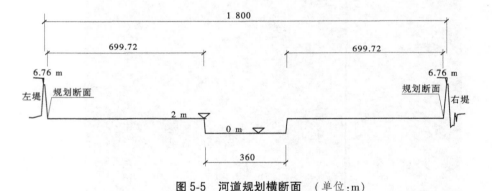

图 5-5 河道规划横断面 (单位:m)

5.3 河道演变

5.3.1 河道演变概述

河道演变是指河流的边界在自然情况下或受人工建筑物干扰时所发生的变化。这种变化是水流和河床相互作用的结果。河床影响水流结构,水流促使河床变化,两者相互依存、相互制约,经常处于运动和不断发展的状态。河道水流中夹有泥沙,其中一部分是滚动和跳跃前进的推移质泥沙;另一部分是浮游在水中前进的悬移质泥沙;在一定的水流条件下,水流具有一定的挟沙能力,亦即能够通过断面下泄沙量(包括推移质和悬移质)。如上游来沙量与本河段水流挟沙能力相适应,则水流处于输沙平衡状态,河床既不冲亦不淤;如来沙量大于挟沙能力则河床发生淤积,反之,则发生冲刷。输沙不平衡引起的淤积或冲刷,造成河床变形。

由于泥沙运动的影响,河床断面的形状随时间而变化。河床断面经常处于冲淤交替的过程中,断面增大则流速减小,输沙能力降低,冲刷将逐渐停止;随着断面逐渐缩小,则流速逐渐加大,输沙能力也逐渐增强,淤积亦逐渐停止,甚至由淤积转换为冲刷。因此,河床冲淤具有自动调整作用,但平衡只是相对的、暂时的,不平衡是绝对的。

河床演变有纵向变形和横向变形、单项变形和往复变形、长河段变形和短河段变形。上述各种变形现象总是错综复杂地交织在一起,发生纵向变形的同时往往发生横向变形,发生单项变形的同时往往也发生往复变形,再加上各种局部变形,故河床演变过程是极其复杂的。

影响河床演变的因素是极其复杂且多样的,与该流域的地质、地貌、土壤及植被等有密切联系。其主要影响作用通常有四项:流量大小及其变化过程,流量来沙及其组成,河道比降,河床物质组成情况。河道演变是一个三维问题,因河流边界条件极其复杂多变,现阶段还不能从理论上进行求解,一般只能借助于定性的描述和逻辑推理的方法进行分析研究。

5.3.2　河道历史演变概况

北胶莱河流域土壤肥沃,气候温和,是山东省主要粮棉产地之一,由于流域内洪涝灾害严重,自1956年以来,省、地(市)曾多次进行规划,提出治理措施。1965年规划北胶莱河干流右岸平度市境内大泽山区和平原交界处,开挖泽河拦截白沙河、现河、龙王河、双山河、淄阳河等支流至海沧南汇入干流。

1973年至1976年,历经4年的北胶莱河治理,疏浚导治37 km(昌邑市流河乡库户庄东至泽河河口)老河道,按照5年一遇排涝、20年一遇防洪标准设计,扩宽了断面,加深了河槽,修筑了大堤,河道顺直,水流畅通。

5.3.3　河道近期演变分析

北胶莱河近期演变以人工干预为主,自然变化以河槽淤积为主。

由于该河上游多属丘陵区,中、下游属平原涝洼碱河道,河道水流由陡坡流向平缓河道,水流弯曲过度。加之,洪水泥沙含量超过了它的输沙能力,河床形态与流域来水、来沙和河床边界条件不相适应,河道以长期缓慢地淤积为主。

输油管道定向钻位于北胶莱河支流泽河河口以下约900 m处,由于右岸滩地开发,河道主流存在向左岸演变的趋势。

5.3.4　河道演变趋势分析

北胶莱河属丘陵和平原相间河流,河流未来的演变取决于人们对河道的治理活动。随着社会的发展、经济实力的增强,人们对河道的防洪除涝安全要求不断提高。河槽加宽,河道控导洪、涝水排泄、制止河床平面摆动的能力增强。河槽断面增大后流速减小,河床更加趋于稳定。今后长时间内,河床仍将在人为因素的影响下进行局部变化,不会出现大的平面位移与河底下切。而且随着人们治理措施的进一步合理,河道会更加稳定。

自然变化主要表现为河道淤积。在未来的规划治理中,淤积仍是重点关注的问题。2013 年 11 月,山东省水利厅编制完成了《山东半岛流域综合规划》,报告中提出了北胶莱河河道及河口治理规划方案,从规划内容看,本工程穿越河段未来不会有大的平面变动。

5.4 防洪评价计算

5.4.1 水文分析计算

5.4.1.1 设计洪水标准

定向钻工程穿越处位于泽河入口下,断面以上流域面积为 3 373 km²。根据《山东半岛流域综合规划》,管道穿越处北胶莱河除涝标准为 5 年一遇,防洪标准近期为 20 年一遇,远期为 50 年一遇;根据《油气输送管道工程水平定向钻穿越设计规范》(SY/T 6968—2021)和《油气输送管道穿越工程设计规范》(GB 50423—2013),该穿越工程等级为大型,设计洪水频率为 100 年一遇,所以需要确定工程穿越断面处 5 年一遇、20 年一遇、50 年一遇及 100 年一遇的设计洪水。

5.4.1.2 设计洪水推求

《山东半岛流域综合规划》已由山东省发展和改革委员会、山东省水利厅批复,因此本次评价北胶莱河 20 年一遇、50 年一遇洪水采用《山东半岛流域综合规划》中确定的设计洪水成果,工程穿越处河道 20 年一遇设计洪峰流量为 2 187 m³/s,50 年一遇设计洪峰流量为 3 416 m³/s。5 年一遇洪水采用 1999 年山东省水利厅编制的《山东半岛防洪规划报告》中确定的设计洪水成果,工程穿越处河道 5 年一遇设计洪峰流量为 947 m³/s。

2014 年 10 月,山东省水利勘测设计院编制的《北胶莱河设计洪水复核报告》,对北胶莱河干流设计洪水进行了分析计算,山东省水利厅已于 2014 年 12 月 30 日通过了对该报告的评审。本次评价北胶莱河 100 年一遇洪水采用《北胶莱河设计洪水复核报告》中确定的设计洪水成果,工程穿越处河道 100 年一遇设计洪峰流量为 3 987 m³/s。北胶莱河穿越处设计断面设计洪水成果见表 5-3。

表 5-3 北胶莱河穿越处设计断面设计洪水成果

河流名称	设计断面流域面积/km²	设计频率	洪峰流量/(m³/s)
北胶莱河	3 373	$P=1\%$	3 987
		$P=2\%$	3 416
		$P=5\%$	2 187
		$P=20\%$	947

5.4.1.3 设计洪水位分析

工程穿越处的设计洪水位采用天然河道水面线法进行推求,根据 5 年一遇、20 年一

遇、50 年一遇、100 年一遇洪峰流量,求得工程穿越处现状河道断面 5 年一遇、20 年一遇、
50 年一遇及 100 年一遇设计洪水位分别为 2.63 m、4.08 m、5.10 m、5.10 m。工程穿越处
规划河道断面 5 年一遇、20 年一遇、50 年一遇及 100 年一遇设计洪水位分别为 2.44 m、
3.65 m、4.47 m、4.93 m。工程穿越北胶莱河处洪水成果见表 5-4。

表 5-4　工程穿越北胶莱河处设计洪水成果

断面类型	20%		5%		2%		1%	
	设计流量/ (m³/s)	设计洪水位/m	设计流量/ (m³/s)	设计洪水位/m	设计流量/ (m³/s)	设计洪水位/m	设计流量/ (m³/s)	设计洪水位/m
现状断面	947	2.63	2 187	4.08	3 416 (3 084)	5.10	3 987 (3 084)	5.10
规划断面	947	2.44	2 187	3.65	3 416	4.47	3 987	4.93

注:括号内为实际过流量,括号外为设计流量。

5.4.2　冲刷、淤积分析

5.4.2.1　冲刷计算

根据地质资料,管道穿越处河床、右边滩表层为中粗砂,左边滩为粉土,按《公路工程
水文勘测设计规范》(JTG C30—2015)非黏性土冲刷深度计算公式进行计算。管道穿越
北胶莱河处现状断面河槽部分一般冲刷计算成果见表 5-5,河滩部分一般冲刷计算成果
见表 5-6、表 5-7;规划断面河槽部分一般冲刷计算成果见表 5-8,河滩部分一般冲刷计算
成果见表 5-9、表 5-10。

表 5-5　穿越北胶莱河处现状断面河槽冲刷计算成果

频率 P	河槽部分通过的设计流量 Q_2/ (m³/s)	河槽部分最大水深 h_{cm}/m	河槽平均水深 h_{cq}/m	河槽部分桥孔过水净宽 B_{cj}/ m	河槽土平均粒径 $\bar{d}$/mm	最大流速 v/ (m/s)	河槽一般冲刷最大水深 h_p/m	河槽一般冲刷深/m	河槽冲刷线高程/ m
5%	1 330.37	6.36	5.92	147.27	0.40	1.52	7.63	1.28	-3.78
2%	1 569.12	7.38	6.95	147.27	0.40	1.53	8.94	1.56	-4.06
1%	1 569.12	7.38	6.95	147.27	0.40	1.53	8.94	1.56	-4.06

表 5-6　穿越北胶莱河处现状左边滩冲刷计算成果

频率 P	河滩部分通过的设计流量 Q_1/（m³/s）	河滩部分最大水深 h_{tm}/m	河滩平均水深 h_{tq}/m	河滩部分桥孔过水净宽 B_{tj}/m	不冲流速 v_{H_1}/（m/s）	平均流速 v/（m/s）	河滩一般冲刷最大水深 h_p/m	河滩一般冲刷深/m	河滩冲刷线高程/m
5%	328.06	2.07	2.04	305.50	0.35	0.52	2.60	0.53	1.48
2%	580.41	3.09	3.02	305.50	0.35	0.61	4.22	1.13	0.88
1%	580.41	3.09	3.02	305.50	0.35	0.61	4.22	1.13	0.88

表 5-7　穿越北胶莱河处现状右边滩冲刷计算成果

频率 P	河滩部分通过的设计流量 Q_1/（m³/s）	河滩部分最大水深 h_{tm}/m	河滩平均水深 h_{tq}/m	河滩部分桥孔过水净宽 B_{tj}/m	不冲流速 v_{H_1}/（m/s）	平均流速 v/（m/s）	河滩一般冲刷最大水深 h_p/m	河滩一般冲刷深/m	河滩冲刷线高程/m
5%	528.57	2.07	2.06	492.61	0.40	0.52	2.29	0.22	1.79
2%	934.77	3.09	3.07	492.61	0.40	0.61	3.70	0.61	1.40
1%	934.77	3.09	3.07	492.61	0.40	0.61	3.70	0.61	1.40

表 5-8　穿越北胶莱河处规划断面河槽冲刷计算成果

频率 P	河槽部分通过的设计流量 Q_2/（m³/s）	河槽部分最大水深 h_{cm}/m	河槽平均水深 h_{cq}/m	河槽部分桥孔过水净宽 B_{cj}/m	河槽土平均粒径 $\bar{d}$/mm	最大流速 v/（m/s）	河槽一般冲刷最大水深 h_p/m	河槽一般冲刷深/m	河槽冲刷线高程/m
5%	1 290.57	3.65	3.62	372.00	0.40	0.96	4.70	1.05	−1.05
2%	1 736.45	4.47	4.43	372.00	0.40	1.05	5.60	1.14	−1.14
1%	1 905.16	4.93	4.90	372.00	0.40	1.05	6.17	1.23	−1.23

表 5-9　穿越北胶莱河处规划左边滩冲刷计算成果

频率 P	河滩部分通过的设计流量 Q_1/(m^3/s)	河滩部分最大水深 h_{tm}/m	河滩平均水深 h_{tq}/m	河滩部分桥孔过水净宽 B_{tj}/m	不冲流速 v_{H_1}/(m/s)	平均流速 v/(m/s)	河滩一般冲刷最大水深 h_p/m	河滩一般冲刷深/m	河滩冲刷线高程/m
5%	448.21	1.65	1.64	699.72	0.35	0.39	1.66	0.01	1.99
2%	839.77	2.47	2.45	699.72	0.35	0.48	2.81	0.35	1.65
1%	1 040.92	2.93	2.91	699.72	0.35	0.50	3.37	0.44	1.56

表 5-10　穿越北胶莱河处规划右边滩冲刷计算成果

频率 P	河滩部分通过的设计流量 Q_1/(m^3/s)	河滩部分最大水深 h_{tm}/m	河滩平均水深 h_{tq}/m	河滩部分桥孔过水净宽 B_{tj}/m	不冲流速 v_{H_1}/(m/s)	平均流速 v/(m/s)	河滩一般冲刷最大水深 h_p/m	河滩一般冲刷深/m	河滩冲刷线高程/m
5%	448.21	1.65	1.64	699.72	0.40	0.39	1.49	0.00	2.00
2%	839.77	2.47	2.45	699.72	0.40	0.48	2.52	0.05	1.95
1%	1 040.92	2.93	2.91	699.72	0.40	0.50	3.01	0.08	1.92

5.4.2.2　淤积分析

根据调查及地质资料分析,北胶莱河汛期行洪时河道流量较大,平时河道水量较小,一年中汛期大流量时间少于小流量时间,上游来水量小时河道淤积,但每经一场洪水后,表层淤土被冲刷,河道基本长期处于冲淤平衡状态。

5.4.3　渗流及堤防边坡稳定分析

5.4.3.1　渗流稳定分析

定向钻穿越北胶莱河处,管道在两岸堤防下埋深较深(大堤处管顶最小埋深9.4 m),管道施工在逐次扩孔过程中,通过扩孔器的挤压,在将钻孔扩大的同时,对穿孔周围的土壤进行了压实,降低了管道周边土壤的渗透系数,增加了土壤的稳定性。所以,管道的穿越使穿越处的地质没有向不利于堤身、滩地及河槽稳定的方向发展。

《堤防工程设计规范》(GB 50286—2013)明确规定,穿堤的各类建筑物与土堤接合部位应能满足渗透稳定要求,在建筑物外围应设置截流环或刺墙等,渗流出口应设置反滤排水。管道设计时,在出、入土点附近管道周围采取防渗漏处理措施,在定向钻穿越段两端与水平自然敷设主管道连接处做截流环,保证了管道整个穿越处的密闭性,并防止了定向钻管道周边泥浆充填层产生渗流的可能。鉴于本工程为压力管道,施工过程中不可避免地会产生振动,因此建议本管道穿大堤施工时,尽量减小对管周土体的扰动。

5.4.3.2 堤防边坡稳定分析

根据地质勘察报告,定向钻穿越北胶莱河处两岸地形平坦开阔,河段较为顺直,水流较为平缓,下蚀作用较弱,河床及岸坡较稳定。本工程采用定向钻穿越堤防,定向钻A1入土点距现状左堤迎水坡脚垂直距离123.80 m,定向钻A1出土点距现状右堤背水坡脚垂直距离537.18 m,距规划右堤背水坡脚垂直距离83.55 m,定向钻A3入土点距现状左堤外堤脚垂直距离196.10 m,出土点距现状左堤内堤脚垂直距离167.82 m,并且管道在堤防下埋深较深,定向钻穿越基本不会对现状和规划堤防及岸坡的稳定造成影响。

5.5 防洪综合评价

5.5.1 项目建设与现有水利规划的关系及影响分析

根据《山东半岛流域综合规划》,工程穿越北胶莱河处的近期治理标准为20年一遇,远期治理标准为50年一遇,规划治理内容主要为河道疏浚、扩挖和筑堤。

由于线路走向影响,输油管道采用三个定向钻(A1、A2、A3)穿越北胶莱河。定向钻A1穿越右岸堤防、河槽及左岸滩地,位于北胶莱河中泓桩号81+100处,管道与北胶莱河水流方向夹角120°,水平长度1 780.05 m,出土点对应河道中泓桩号81+500。定向钻A2位于左岸滩地,顺河道水流方向布置,水平长度1 990.42 m,入土点对应河道中泓桩号80+060,出土点对应河道中泓桩号78+070。定向钻A1与A2连接段位于左滩,水平长度53.7 m。定向钻A3穿越左岸堤防,位于北胶莱河中泓桩号77+980处,管道与北胶莱河水流方向夹角41°,水平长度570.66 m,出土点位于左岸滩地,对应河道中泓桩号78+170,入土点位于左岸河道管理范围外,距左堤背水坡脚196.10 m。定向钻A2与A3连接段位于左滩,水平长度51.3 m。

三个定向钻出、入土点与现状和规划大堤内外堤脚距离均大于60 m,管道穿越长度大于河道断面河口宽度,河道左滩管道联头处管顶距离河底最小埋深为8.10 m,基本不影响河道下一步水利规划的实施。

根据《潍坊市北胶莱河岸线利用管理规划报告》,管道穿越处左岸位于岸线控制利用区。根据《莱州市北胶莱河岸线利用规划》,管道穿越处右岸位于岸线保留区。根据《山东省新旧动能转换重大工程实施规划》,烟台港原油管道复线工程属于能源和水利基础设施重点建设内容,为确需开发的项目,且定向钻 A1 出土点距现状右岸外缘控制线垂直距离 532.18 m,定向钻 A3 入土点距现状左岸外缘控制线垂直距离 191.10 m,距河道外缘控制线较远,基本不会影响下一步北胶莱河岸线的管理利用。

5.5.2　项目建设与现有防洪标准、有关技术和管理要求的适应性分析

5.5.2.1　设防标准分析

根据《山东半岛流域综合规划》,该段河道近期防洪标准为 20 年一遇,远期防洪标准为 50 年一遇。

根据设计资料,输油管道定向钻穿越北胶莱河工程等级为大型,管道设防标准为 100 年一遇,高于河道规划防洪标准。

5.5.2.2　管线布置分析

根据《涉水建设项目防洪与输水影响评价技术规范》6.3.1 规定,管道不应与水利工程岸线平行状埋设,应尽量缩短穿越长度,宜与水流流向垂直。若因条件限制确实难以实现的,管道与水流流向夹角不宜小于 60°。

定向钻 A2 与现状河道平行布置,不符合规范要求。根据《涉水建设项目防洪与输水影响评价技术规范》规定,设计单位对顺堤段管道及出、入土点管道联头处采取了深埋处理,管顶最小埋深 8.1 m,采取上述措施后,可基本满足规范要求。

5.5.2.3　穿越长度分析

根据《涉水建设项目防洪与输水影响评价技术规范》6.4.1 规定,采用定向钻施工方式时,若出、入土点均布设在水利工程管理范围外,距离水利工程不宜小于 60 m;若有出、入土点布设在水利工程管理范围内,距离堤防迎水坡脚或水库、湖泊岸线不宜小于 80 m。

根据《山东省河湖管理范围和水利工程管理与保护范围划界确权工作技术指南(试行)》(山东省水利厅,2017),河道管理范围为堤脚外侧 5~10 m 的范围。根据《北胶莱河岸线利用管理规划报告》,工程穿越处位于岸线控制利用区,河道管理范围为堤防背水侧设计堤脚外 5 m 范围。

根据工程穿越设计资料,定向钻 A1 出土点距现状右堤外堤脚垂直距离 537.18 m,规划右堤外堤脚垂直距离 83.55 m,定向钻 A3 入土点距现状左堤外堤脚垂直距离 196.10 m,穿越长度满足河道管理的要求。

5.5.2.4　穿越埋深分析

根据《涉水建设项目防洪与输水影响评价技术规范》6.5.2 和 6.5.4 规定,采用定向钻施工方式时,其管顶距相应设计洪(输)水冲刷线不宜小于 6 m。其中,在可以采砂河段,管顶距河床不得少于 7 m。对于建设项目穿越水利工程,应在相应位置设置永久性的识别和警示标志,并设置必要的安全监测设施。

在 100 年一遇防洪标准下,穿越处的管顶埋深见表 5-11。

由表 5-11 可知,定向钻管道在现状河道和规划河道断面内埋设深度符合规定,且管道设计设置了永久性的识别和警示标志,因此管道穿越埋深符合规范要求。

表 5-11　100 年一遇冲刷深度及管顶埋深

断面类型	项目	底部高程/m	冲刷线高程/m	管顶高程/m	管顶在河床以下埋深/m	管顶在冲刷线以下埋深/m
现状断面	河槽	-2.5	-4.06	-27.20	24.70	23.14
	左边滩	2.01	0.88	-6.20	8.21	7.08
	右边滩	2.01	1.40	-27.20	29.21	28.60
规划断面	河槽	0	-1.23	-27.20	27.20	25.97
	左边滩	2.00	1.56	-6.20	8.20	7.76
	右边滩	2.00	1.92	-13.36	15.36	15.28

5.5.3　项目建设对河道行洪的影响分析

根据管道设计资料,输油管道采用定向钻穿越北胶莱河。定向钻是一种先进的管线穿越施工方法,但 3 个定向钻需要在河道左岸滩地上进行衔接,施工期会对河道行洪产生一定影响。因此,项目施工尤其是河道内施工应安排在非汛期进行。

根据河道冲刷计算,定向钻管顶高程在现状断面冲刷线以下最小埋深 7.08 m,在规划断面冲刷线以下最小埋深 7.76 m。在运行期,管道不会因为河床冲刷而暴露,阻碍行洪。

因此,项目施工时会对河道行洪安全产生一定影响。

5.5.4　项目建设对河势稳定的影响分析

管道采用定向钻方式穿越河道,在现状条件和规划条件下对水流的流态和流势基本无影响,不会改变河道的自然演变。

因此,项目建设对河势稳定基本无影响。

5.5.5　项目建设对现有堤防、护岸及其他水利工程与设施影响分析

5.5.5.1　对堤防的影响分析

1.渗流稳定分析

定向钻穿越北胶莱河处,管道在堤防下埋深较深(大堤处管顶最小埋深 9.4 m)。管道设计时,在出、入土点附近的管道周围采取防渗漏处理措施,在定向钻穿越段两端与水平自然敷设主管道连接处做截流环,保证了管道整个穿越处的密实性,并防止了定向钻管道周边泥浆充填层产生渗流的可能。鉴于本工程为压力管道,施工过程中不可避免地会产生振动,因此建议本管道穿大堤施工时,尽量减小对管周土体的扰动。

2.堤防边坡稳定分析

根据地质勘察报告,定向钻穿越北胶莱河处两岸地形平坦开阔,河段较为顺直,水流较为平缓,下蚀作用较弱,河床及岸坡较稳定。本工程采用定向钻穿越堤防,定向钻 A1 入土点

距现状左堤迎水坡脚垂直距离 123.89 m,定向钻 A1 出土点距现状右堤背水坡脚垂直距离 537.18 m,距规划右堤背水坡脚垂直距离 83.55 m,定向钻 A3 入土点距现状左堤背水坡脚垂直距离 196.10 m,出土点距现状左堤迎水坡脚垂直距离 167.82 m,并且管道在堤防下埋深较深,不涉及破堤施工,而且施工中采取了各种措施,以防施工过程中发生冒浆、塌孔等危及堤防安全的事故发生。本工程穿越基本不会对堤防及岸坡的稳定造成影响。

5.5.5.2　对其他水利工程的影响分析

工程穿越位置距泽河口约 450 m,接近入海口,拟建项目处上下游附近无其他水利设施,输油管道定向钻穿越北胶莱河对其他水利工程无影响。

因此,项目建设对现有堤防、护岸及其他水利工程与设施无影响。

5.5.6　项目建设对防汛抢险的影响分析

以定向钻施工方式穿越北胶莱河,管道埋设在河床以下,河道内施工项目计划安排在非汛期施工,项目建成前后基本不影响汛期防洪抢险队伍、物资的运输,对防汛抢险基本无影响。

5.5.7　建设项目防御洪涝的设防标准与措施是否适当

5.5.7.1　设计洪水频率分析

根据《油气输送管道工程水平定向钻穿越设计规范》(SY/T 6968—2021)和《油气输送管道穿越工程设计规范》(GB 50423—2013),北胶莱河穿越为大型穿越,设计洪水频率为 100 年一遇。

根据设计单位提供资料,管道设计洪水频率为 100 年一遇,符合规范要求。

5.5.7.2　设计埋深分析

根据《油气输送管道穿越工程设计规范》(GB 50423—2013)规定,水域穿越管段管顶埋深不小于设计洪水冲刷线或疏浚深度线以下 6 m。

根据冲刷计算结果,管顶至设计洪水冲刷线最小距离 7.08 m,满足规范要求。

因此,建设项目防御洪涝的设防标准与措施适当。

5.5.8　项目建设对第三人合法水事权益的影响分析

对第三人合法水事权益的影响分析,主要包括对航运、取水、排涝、码头等的影响分析。

工程穿越处无航运、码头、取水口等设施。因此,项目建设对第三人合法水事权益基本无影响。

5.6　工程影响防治与补救工程设计

穿河管道施工采用定向钻方式,可能对河道管理范围内的土体产生扰动作用,建议施工结束后,出、入土点处分层回填黏土,每层厚度不大于 30 cm,范围为管道轴向和径向各 3 m 以上,深 2 m,压实度不小于 0.95。

5.7 结论与建议

5.7.1 结论

根据前面分析、计算、防洪综合评价等,得出评价结论如下:

(1)受线路走向影响,本工程须在河道内进行定向钻出、入土点的衔接,并顺现状左堤布置 1.9 km,通过对顺堤段管道及出、入土点管道联头处进行深埋处理,工程建设基本满足河道现状及规划的要求,对下一步水利规划的实施影响较小。

(2)本工程的防洪标准高于河道防洪标准要求,与河道防洪标准是相适应的。

(3)输油管道采用定向钻穿越北胶莱河,输油管道埋置于河床以下,既不会造成壅水,也不会减少河道的行洪断面,且管道施工拟安排在非汛期进行,项目建设对河道行洪安全影响不大。

(4)根据冲刷计算结果,定向钻管顶最小埋深位于设计洪水最大冲刷线以下 7.08 m,满足管道埋深要求;输油管道不占用河道行洪断面,对水流的流态和流势无影响,不会改变河道的自然演变,项目建设对河势稳定基本无影响。

(5)定向钻施工对现有堤防、护岸及其他水利工程与设施基本无影响。

(6)项目计划在非汛期施工,项目建设对防汛抢险基本无影响。

(7)建设项目防御洪涝的设防标准及工程措施基本合适。

(8)建设项目穿越北胶莱河处不涉及第三人合法水事权益问题。

5.7.2 建议

(1)管道穿越河道采用定向钻方式,可能对河道管理范围内的土体产生扰动,建议采取以下措施:一是在管道回拖施工结束后,进行回填灌浆处理,将穿越洞壁与管道外壁之间的空隙充填密实,浆液材料及配比、灌浆压力等参数通过现场试验确定;二是施工结束后,出、入土端设置防渗措施,采用黏土回填并夯实,范围为管道轴向和径向各 3 m 以上,深 2 m,压实度不小于 0.95。

(2)光缆管道与输油管道并行敷设,建议光缆管道的施工一并由输油管道专业施工队伍完成。

(3)为保证管道的正常运行与安全,建议对管道两侧河道上、下游一定范围内进行保护。在此范围内修建码头、抛锚、挖沙、筑坝、进行水下爆破或其他可能危及管道安全的水下作业,应双方协商解决。

(4)为了不影响河道的正常运用以及本工程的施工安全,项目开工前,建设单位应将穿越工程施工组织设计报请河道主管部门同意;工程竣工验收前,防汛部门应会同河道主管部门,对工程竣工清理进行检查验收。

(5)项目建成后,应在穿越工程一定范围内设置永久性的识别和警示标志,并设置必要的安全监督设施,确保河道行洪安全,避免造成河道污染事故。工程运行一旦发生安全事故,应及时关闭上游的线路截断阀门。

第 6 章

定向钻穿越管道输水影响评价

6.1 项目简介

6.1.1 基本情况

烟台港原油管道复线工程位于龙口市兰高镇侧高村东 200 m,穿越胶东地区引黄调水工程,输水管道桩号 321+800,工程穿越输水管道位置见图 6-1。

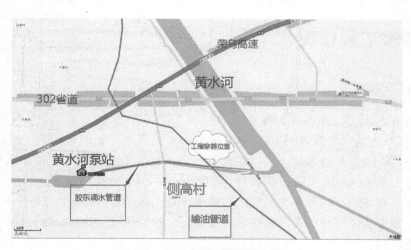

图 6-1 工程穿越输水管道位置图

6.1.2 建设规模与防洪标准

根据设计单位提供资料,该穿越工程等级为中型,设计洪水频率为 50 年一遇。

6.1.3　穿越工程设计方案

6.1.3.1　定向钻穿越平面布置

穿越位置北侧为农田,地势较开阔,地形较平坦,有侧张线可到达穿越点附近,钻机容易进场,可作为钻机场地,满足钻机、操控室、钻杆、泥浆泵、泥浆池的布设以及施工操作的要求,故选择北侧为入土点。穿越位置南侧为农田,场地满足管道焊接组装及整体回拖的要求,作业带可部分作为回拖场地,故选择南侧为出土点。

输油管道穿越胶东地区引黄调水工程输水管道处,输水管道与凉水河距离较近,且埋深较大,不允许开挖,统一采用定向钻方式穿越。输水管道与凉水河非平行布设,且输油管道须并行黄水河西岸敷设,受多种因素制约,输油管道与输水管道水流方向夹角为34°,无法满足夹角大于60°的要求。定向钻入土点到出土点水平长度770 m,实长772.16 m。

穿越管段的出、入土角根据穿越地形、地质条件和穿越管径的大小确定,管线定向钻入土角定为9°,出土角定为6°,穿越管段的曲率半径为1 500D(D为钢管外径),采用对穿工艺。光缆套管与主管线穿越曲线相同,并行间距10 m。

根据穿越管径和出入土角、曲率半径及地质情况的要求,穿越输水管道范围内最小埋深19.8 m(管底标高为8.2 m),穿越管线两侧弹性敷设及水平段主要穿越粉质黏土、中砂、强风化花岗岩。

穿越两端设警示牌各1个,输水管道两侧设警示牌、穿河桩各1个。

6.1.3.2　管材选择

管道规格为Φ711×14.2 L450M SAWL PSL2,防腐方式为普通级高温型三层PE+保温层+高密度聚乙烯层+环氧玻璃钢外护层。光缆套管规格为Φ114×8.0镀锌钢管。

6.2　调水工程情况

6.2.1　工程概况

山东省胶东地区引黄调水工程是党中央、国务院和省委、省政府决策实施的远距离、跨流域、跨区域大型水资源调配工程,是实现山东省水资源优化配置的重大战略性、基础性、保障性民生工程,是省级骨干水网的重要组成部分。工程设计年引黄调水规模1.43亿 m³,引水天数91 d,供水区包括青岛、烟台、威海的12个县(市、区),受水区面积为1.56万 km²。供水目标以城市生活用水与重点工业用水为主,兼顾生态环境和部分高效农业用水。该工程的兴建可实现全省水资源优化配置,缓解胶东地区水资源供需矛盾,改善当地生态环境。

工程输水线路总长482.4 km,其中利用现有引黄济青段工程172.5 km,新辟输水线路309.9 km,包括宋庄分水闸至黄水河泵站前输水明渠段长160.02 km,黄水河泵站至米山水库输水管道、输水暗渠及隧洞段长149.88 km。

工程等别为Ⅰ等,主要建筑物为1级,次要建筑物为3级。

6.2.2 水文气象

本流域属暖温带湿润大陆性季风气候,四季分明,夏季炎热,冬季寒冷。多年平均气温11.6℃,最高气温38.3℃(1972年7月5日),最低气温-21.3℃(1977年1月26日)。多年平均降水量581.5 mm,其降水时空分布极不均匀,年降水量75%以上集中在6、7、8、9月,多年平均径流深203.4 mm,多年平均陆上水面蒸发深1 478.5 mm,无霜期190 d,多年平均冻土深为0.42 m,多年平均最大风速19.18 m/s。冬季多北风至西北风,夏季多南风至西南风。

6.2.3 工程地质

6.2.3.1 地形地貌

穿越区属山间冲洪积平原地貌,地形开阔,总体地势平坦。

6.2.3.2 地层结构及岩性

根据岩土工程勘察报告,岩土工程勘察报告,穿越场地地层主要为第四系全新统冲洪积层(Q_4^{al+pl})中砂、粉质黏土及碎石,上覆一定厚度的人工填土,现将地层分类描述如下:

①层素填土:黄褐色,松散,稍湿,主要成分以中砂为主,含少量植物根系。本层场区普遍分布,本次勘察场区内各勘探孔均有揭示,层厚0.30~0.70 m,其层底分布高程为32.79~35.05 m。

②层中砂:黄褐色,稍密,稍湿-潮湿,主要成分为石英、长石,含少量碎石,一般粒径为20~50 mm,最大60 mm,颗粒级配不良,分选性较好。本层场区普遍分布,本次勘察场区内各勘探孔均有揭示,层厚1.00~4.50 m,其层底分布高程为28.79~33.64 m。

③层粉质黏土:褐黄色,可塑,干强度及韧性中等,切面较光滑,土质不均匀,含少量铁锰质结核。本层场区普遍分布,本次勘察场区内仅在WJH1孔揭示,层厚3.80~8.60 m,其层底分布高程为24.81~27.75 m。

④层中砂:黄褐色,中密,潮湿-饱和,主要成分为石英、长石,含少量碎石,一般粒径20~50 mm,最大60 mm,颗粒级配不良,分选性较好。本次勘察场区内仅在WJH1、WJH3、WJH4、WJH5孔揭示,层厚3.80~6.90 m,其层底分布高程为19.79~23.66 m。

⑤层碎石:灰褐色,中密-密实,潮湿-饱和,碎石主要成分为花岗岩,亚圆形及次棱角状,一般粒径10~30 mm,最大80 mm。本次勘察场区内仅在WJH5、WJH6、WJH7、WJH8孔揭示,层厚3.00~6.00 m,其层底分布高程为17.59~24.14 m。

⑥¹层强风化花岗岩:黄褐色,主要矿物成分为石英、长石,风化剧烈,原岩结构,构造基本破坏,岩芯风化为砂土状,偶见碎块状,手掰易碎,采取率70%~75%,RQD=0~5,为软岩,极易破碎,岩体基本质量等级为Ⅴ级。本层场区普遍分布,本次勘察场区在WJH5、WJH6孔未揭示,层厚2.00~18.00 m,其层底分布高程为11.79~22.14 m。本层WJH1、WJH2、WJH8孔未揭示。

⑥²层强风化花岗岩:黄褐色,主要矿物成分为石英、长石,风化剧烈,原岩结构,构造基本破坏,岩芯风化为碎块状,少量大块状及短柱状,锤击易碎,采取率约50%,RQD=0~5,为软岩,极破碎,岩体基本质量等级为Ⅴ级。本层场区普遍分布,本次勘察场区在

WJH1、WJH2、WJH8 孔未揭示，层厚 1.80~9.00 m，其层底分布高程为 9.99~13.21 m。

⑦层中风化花岗岩：灰红色，中粗粒结构，块状构造，主要矿物成分为石英、长石，节理裂隙发育，岩芯呈为柱状，少量块状，一般柱长 10~30 cm，最长 35 cm，锤击生脆，不易碎，采取率约 80%，RQD = 70，RQD = 10~30。为较软岩-较硬岩，较破碎，岩体基本质量等级为 Ⅲ~Ⅳ级。本层场区普遍分布，本次勘察场区在 WJH1、WJH2、WJH8 孔未揭示。本层未揭穿。

6.2.3.3 场地水

场区地下水类型为第四系松散岩类孔隙水和基岩裂隙水，主要赋存于第四系松散岩土层和强风化花岗岩裂隙中，其补给来源主要靠大气降水及地表水（王家河）渗入补给，地下水动态受大气降水和王家河水动态影响明显。

勘探期间，测得地下水水位埋深为 9.40~11.20 m，标高 23.29~24.39 m。干湿交替时，场地地下水对混凝土结构具弱腐蚀性，对钢筋混凝土结构中的钢筋具弱腐蚀性；长期浸水时，场地地下水对混凝土结构具微腐蚀性，对钢筋混凝土结构中的钢筋具微腐蚀性；地下水对钢结构具弱腐蚀性。

6.2.3.4 场地稳定性

根据现场地质调查测绘、区域地质资料和钻探揭露，本穿越区域内未发现崩塌、泥石流、滑坡、岩溶及其他不良地质现象。

根据岩土工程勘察报告，从区域地质来看，穿越区及附近无全新活动断层通过，亦未发现其他小型构造。场地目前稳定性良好，地基土分布较为稳定，总体上适宜本工程的建设。

6.2.3.5 场地地震效应

拟穿越处场地属建筑抗震一般地段。穿越区场地的抗震设防烈度为 7 度，设计基本地震加速度值为 0.15g，设计地震分组为第二组，场地反应谱特征周期为 0.40 s。拟建场地在 20.0 m 深度范围内②、④层饱和中砂不液化，设计时可不考虑地基土地震液化的影响。

6.2.4 管道情况

胶东地区引黄调水工程自 2003 年 12 月开工建设，经过十年的建设，2013 年底全线贯通，工程综合调试运行及试通水工作也已全部完成，实现了长江水、黄河水、当地水的联合调度优化配置，有效缓解了胶东地区水资源紧缺局面。

为了让胶东地区引黄调水工程发挥最大效益，从 2008 年开始，国家又实施了南水北调配套工程，烟台市的配套工程包括市区、莱州、龙口、招远、蓬莱、栖霞共 6 个供水单元，总投资 14.83 亿元，主要工程建设内容包括新建泵站 11 座、增容加固调蓄水库 1 座、利用原有水库 10 座、铺设输水管线 153 km。

6.2.5 现有水利工程及其他设施情况

工程穿越管道处周边为田地，距胶东地区引黄调水工程黄水河泵站 966 m，距黄水河左岸 300 m。穿越处输水管道设计流量 12.6 m³/s，管径 2.2 m，2 根并排布置，管顶埋深

3.45 m,管道底高程 23.15 m。输水管道现状断面要素见表 6-1。

表 6-1　输水管道现状断面要素

名称	管径/m	管底高程/m	地面高程/m	管顶埋深/m
胶东调水管道	2.20	23.15	28.80	3.45

6.2.6　水利规划及实施安排

工程穿越处胶东地区引黄调水工程输水管道暂无新的水利规划及实施安排。

6.3　防洪评价分析

根据《油气输送管道穿越工程设计规范》(GB 50423—2013),该穿越工程等级为中型,设计洪水频率为 50 年一遇。

胶东地区引黄调水工程为输水工程,无防洪任务,管道设计流量为 12.6 m^3/s。

6.4　防洪综合评价

6.4.1　项目建设与现有水利规划的关系及影响分析

工程穿越胶东地区引黄调水工程管道处近期无治理规划,为输水管道。

定向钻工程穿越管道出、入土点均布设在水利工程保护范围外,定向钻管线穿越长度 770.0 m,管道外边距 11.10 m(斜长),工程穿越长度远大于输水管道外边距,输油管道管顶距输水管道管底最小距离 14.19 m,基本不影响输水管道下一步治理规划的实施。

6.4.2　项目建设与现有防洪标准、有关技术要求和管理要求的适应性分析

6.4.2.1　设防标准分析

根据设计资料,输油管道穿越胶东地区引黄调水工程等级为中型,管道设防标准为 50 年一遇。管道为输水工程,无防洪任务,穿越工程设防标准与管道防洪标准相适应。

6.4.2.2　管线布置分析

根据《涉水建设项目防洪与输水影响评价技术规范》6.3.1 规定,管道应尽量缩短穿越长度,宜与水流流向垂直。若因条件限制确实难以实现的,管道与水流流向夹角不宜小于 60°。穿越处输油管道与输水管道水流方向夹角 34°,受多种因素制约,无法满足规范要求。

6.4.2.3　穿越长度分析

根据《涉水建设项目防洪与输水影响评价技术规范》6.4.1 规定,采用定向钻施工方式时,若出、入土点均布设在水利工程管理范围外,距离水利工程不宜小于 60 m;若有出、入土点布设在水利工程管理范围内,距离堤防迎水坡脚或水库、湖泊岸线不宜小于 80 m。

工程穿越位置胶东地区引黄调水工程输水管道保护范围为两条管道垂直中心线两侧水平方向各 50 m 的区域。

根据工程穿越设计资料,管线穿越长度为 770.0 m,输水管道外边距 11.10 m(斜长)。定向钻入土点距现状输水管道左侧保护范围垂直距离 209.60 m,出土点距现状输水管道右侧保护范围垂直距离 121.03 m,管道穿越出、入土点均不在输水管道保护范围以内。管道定向钻入土点距现状输水管道左侧垂直距离 256.50 m,出土点距现状输水管道右侧垂直距离 167.93 m,工程穿越长度满足输水管道管理的要求。

6.4.2.4 穿越埋深分析

根据《涉水建设项目防洪与输水影响评价技术规范》6.5.2 和 6.5.4 规定:采用定向钻施工方式时,其管顶距相应设计洪(输)水冲刷线不宜小于 6 m。其中,在可以采砂的河段,管顶距河床不得少于 7 m。建设项目穿越水利工程,应在相应位置设置永久性的识别和警示标志,并设置必要的安全监测设施。

输水管道穿越处的输油管道管顶埋深,见表 6-2。

表 6-2　输水管道穿越处的输油管道管顶埋深

断面类型	项目	地面高程/m	输水管道管底高程/m	输油管道管顶高程/m	输油管道管顶在地面以下埋深/m	输油管道管顶在输水管道底以下埋深/m
现状断面	管道	28.80	23.15	9.0	19.80	14.15

由表 6-2 可知,输水管道穿越处的输油管道埋设深度符合规定,且管道设计设置了永久性的识别和警示标志,因此输油管道穿越埋深符合规范要求。

6.4.3　项目建设对管道输水安全的影响分析

根据设计资料,输油管道采用定向钻穿越输水管道。定向钻是一种先进的管线穿越施工方法,施工期和工程运行期均不影响管道输水,项目建设对管道输水无影响。

输油管道顶在输水管道底以下 14.15 m,埋深较大,不会阻碍管道输水。

因此,项目建设对管道输水安全基本无影响。

6.4.4　项目建设对输水管道稳定的影响分析

工程采用定向钻穿越输水管道,穿越入土点、出土点均位于输水管道保护范围以外,且输油管道管顶距输水管道管底 14.15 m,埋深较大。因此,工程建设对输水管道稳定基本不会产生不利影响。

6.4.5　项目建设对现有堤防、护岸及其他水利工程与设施影响分析

现状输水管道为填埋式,无其他防护措施,拟建项目处上下游附近也无其他水利设施,输油管道定向钻穿越输水管道对其他水利工程与设施无影响。

6.4.6　建设项目防御洪涝的设防标准与措施是否适当

6.4.6.1　设计洪水频率分析

根据《油气输送管道工程水平定向钻穿越设计规范》（SY/T 6968—2021）和《油气输送管道穿越工程设计规范》（GB 50423—2013），穿越胶东地区引黄调水工程为中型穿越，设计洪水频率为 50 年一遇。

根据设计单位提供资料，管道设计洪水频率为 50 年一遇，符合规范要求。

6.4.6.2　设计埋深分析

根据《油气输送管道穿越工程设计规范》（GB 50423—2013）规定，水域穿越管段管顶埋深不小于设计洪水冲刷线或疏浚深度线以下 6 m。

根据设计资料，输油管道顶在输水管道底以下 14.15 m，满足规范要求。

因此，建设项目防御洪涝的设防标准与措施适当。

6.4.7　项目建设对第三人合法水事权益的影响分析

工程穿越处无航运、码头、取水口等设施，因此项目建设对第三人合法水事权益无影响。

6.5　工程影响防治与补救工程设计

管道施工前，应根据其穿越方式及穿越工程位置，编制相应的施工组织方案，并报有关部门审批后方可施工。输油管道施工采用定向钻方式，可能对输水管道管理范围内的土体产生扰动作用，建议施工结束后，出、入土点处分层回填黏土，每层厚度不大于 30 cm，范围为管道轴向和径向各 3 m 以上，深 2 m，压实度不小于 0.95。

6.6　结论与建议

6.6.1　结论

根据前面分析、计算、防洪综合评价等，得出评价结论如下：

（1）本工程基本满足胶东地区引黄调水工程输水管道现状及规划要求，对现有水利规划的实施基本没有影响，输油管道与输水管道夹角小于 60°，会对今后其他穿越工程空间利用造成一定影响。

（2）本工程的设防标准高于胶东地区引黄调水工程输水管道防洪标准，与输水管道防洪标准相适应。

（3）输油管道采用定向钻穿越胶东地区引黄调水工程输水管道，输油管道埋置于输水管道以下，既不会造成壅水，也不会减少管道的输水断面，项目建设对管道输水基本无影响。

（4）输油管道穿越入土点、出土点均位于胶东地区引黄调水工程输水管道保护范围以外,且输油管道埋深较大,项目建设对输水管道稳定基本不会产生不利影响。

(5)项目建设对胶东地区引黄调水工程现有堤防、护岸及其他水利工程与设施基本无影响。

(6)建设项目防御洪涝的设防标准及工程措施基本合适。

(7)建设项目穿越胶东地区引黄调水工程输水管道不涉及第三人合法水事权益问题。

6.6.2 建议

(1)输油管道穿越输水管道采用定向钻方式,可能对输水管道保护范围内的土体产生扰动,建议采取以下措施:一是在管道回拖施工结束后,进行回填灌浆处理,将穿越洞壁与管道外壁之间的空隙充填密实,浆液材料及配比、灌浆压力等参数通过现场试验确定;二是施工结束后,出、入土端设置防渗措施,采用黏土回填并夯实,范围为管道轴向和径向各 3 m 以上,深 2 m,压实度不小于 0.95。

(2)光缆管道与输油管道并行敷设,建议光缆管道的施工一并由输油管道专业施工队伍完成。

(3)为了不影响胶东地区引黄调水工程输水管道的正常运用以及本工程的施工安全,项目开工前,建设单位应将穿越工程施工组织设计报请输水管道主管部门同意;工程竣工验收前,建设单位应会同输水管道主管部门,对工程竣工清理进行检查验收。

(4)项目建成后,应在穿越工程一定范围内设置永久性的识别和警示标志,并设置必要的安全监督设施,确保管道输水安全,避免造成输水管道污染事故。工程运行一旦发生安全事故,应及时关闭上下游线路控制闸阀。

第7章

定向钻穿越渠道输水影响评价

7.1 项目简介

7.1.1 建设项目概况

烟台港原油管道复线工程于寿光市侯镇北寨村西北 950 m 穿越引黄济青工程,渠道桩号 97+300,管道穿越渠道位置见图 7-1。

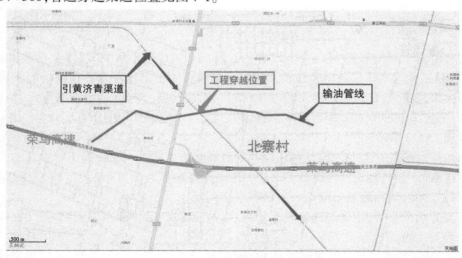

图 7-1 管道穿越渠道位置

7.1.2 建设规模与防洪标准

根据设计单位提供资料,该穿越工程等级为中型,设计洪水频率为 50 年一遇。

7.1.3 穿越工程设计方案

7.1.3.1 定向钻穿越平面布置

选择省道 S224 西侧作为定向钻入土点,周边为农田,地势较开阔,地形较平坦,省道 S224 可到达穿越点附近,钻机容易进场,满足钻机、操控室、钻杆、泥浆泵、泥浆池的布设以及施工操作的要求;选择引黄济青干渠东侧作为定向钻出土点,出土点后侧为大片农田,场地满足管道焊接组装及整体回拖的要求。

定向钻穿越渠道入土点到出土点水平长度 831.69 m,实长 834.01 m,管道与水流方向夹角为 123°。

穿越管段的出、入土角根据穿越地形、地质条件和穿越管径的大小确定,管线定向钻入土角定为 9°,出土角定为 5°,穿越管段的曲率半径为 1 500D(D 为钢管外径),采用对穿工艺。光缆套管与主管线穿越曲线相同,并行间距 10 m。

根据穿越管径和出入土角、曲率半径及地质情况的要求,穿越管线渠道范围内最小埋深 17.30 m(管底标高为 -13.90 m),穿越管线两侧弹敷及水平段主要穿越粉土、粉质黏土。

穿越两端设警示牌各 1 个,渠道两侧设警示牌、穿河桩各 1 个。

7.1.3.2 管材选择

管道规格为 Φ711×14.2 L450M SAWL PSL2,防腐方式为普通级高温型三层 PE+保温层+高密度聚乙烯层+环氧玻璃钢外护层。光缆套管规格为 Φ114×8 镀锌钢管。

7.2 调水工程情况

7.2.1 工程概况

引黄济青工程是国家"七五"期间重点工程,于 1986 年 4 月 15 日开工兴建,1989 年 11 月 25 日正式通水。引黄济青工程是自打渔张引黄闸引水保证青岛市社会经济可持续发展的大型跨流域、远距离调水工程,途经博兴县、广饶县、寿光市、潍坊寒亭区、昌邑市、高密市、平度市、胶州市、即墨市共 9 个县(市、区)。工程设计年引黄水量 2.43 亿 m³,输水渠全长 252.5 km。

引黄济青的渠首和输沙渠是利用新建的打渔张引黄闸及引黄济青工程重建的打渔张一干渠进水闸引水,经沉沙池沉沙后,进入引黄济青输水渠渠首闸(通滨闸),经过宋庄、王耨、亭口、棘洪滩四级泵站提水入棘洪滩水库调蓄。

工程等别为 Ⅰ 等,主要建筑物输水渠道、泵站为 1 级,棘洪滩水库大坝为 2 级,大沽河枢纽工程为 3 级。

2019 年是引黄济青工程建成通水 30 周年,截至 2019 年 11 月 16 日,该工程累计引水 94.09 亿 m³。

7.2.2 水文气象

工程区属于暖温带半湿润季风气候区,春季干燥多风,夏季炎热多雨,秋季先雨后旱,冬季寒冷少雪。多年平均日照时数 2 621 h,多年平均气温 12.1 ℃,极端最高气温 40.2 ℃,极端最低气温-20.1 ℃,多年平均积温 4 174.9 ℃,多年平均水面蒸发量 1 444.7 mm,无霜期平均 193 d,最长 226 d(1977 年),最短 166 d(1979 年),最大冻土深 41 cm。年内风向、风速随季节变化明显,夏季多东南风,春季以偏南风为主,冬季多西北风,多年平均风速为 2.8 m/s。多年平均降水量 634.7 mm,受季风气候影响,降水量年内分配不均,降水量多集中分布在汛期,占全年降水量的 64.1%,形成冬春干旱、夏涝、晚秋又旱的气候特点。

7.2.3 工程地质

7.2.3.1 地形地貌

穿越位置位于潍坊市寿光市北寨村西北、寿光东收费站东北、G18 荣乌高速以北、引黄济青干渠东西两侧,穿越处地貌单元为河流冲积平原。

穿越处渠道基本顺直,两岸地形平坦、开阔,孔口绝对标高介于 7.23~9.05 m。

7.2.3.2 地层结构及岩性

根据岩土工程勘察报告,穿越场地地层主要由粉质黏土、粉土和砂土组成,共分为 7 个工程地质层 2 个亚层,分述如下:

①层:素填土(Q_4^{ml}),土质不均匀,结构松散,主要为耕植土,以粉质黏土为主,上部含少量植物根系。场区普遍分布不均,厚度 0.30~1.10 m,平均 0.56 m;层底标高 6.73~8.75 m,平均 7.81 m;层底埋深 0.30~1.10 m,平均 0.56 m。

②层:粉土(Q_4^{al+pl}),黄褐色,中密-密实,湿,土质较均,无光泽反应,摇振反应迅速,局部为粉质黏土。场区普遍分布,厚度 1.40~3.50 m,平均 2.63 m;层底标高 3.33~6.40 m,平均 5.17 m;层底埋深 2.20~4.00 m,平均 3.19 m。

③层:粉质黏土(Q_4^{al+pl}),黄灰色,可塑,土质较均匀,切面稍光滑,干强度及韧性中等,见少量铁锰氧化物,局部夹粉土薄层。场区普遍分布,厚度 1.30~4.60 m,平均 2.36 m;层底标高 1.50~3.95 m,平均 2.82 m;层底埋深 4.60~7.00 m,平均 5.54 m。

④层:粉土(Q_4^{al+pl}),灰黄色,密实,湿,土质较均,无光泽反应,摇振反应迅速,含贝壳碎屑及有机质,局部夹有粉质黏土薄层。场区普遍分布,厚度 2.10~4.40 m,平均 3.12 m;层底标高-1.20~0.60 m,平均-0.31 m;层底埋深 7.30~9.50 m,平均 8.67 m。

⑤层:粉质黏土(Q_4^{al+pl}),灰黄色,可塑,土质较均,切面光滑,干强度及韧性中等。场区普遍分布,厚度 2.50~3.90 m,平均 2.90 m;层底标高-3.97~-2.00 m,平均-3.21 m;层底埋深 10.60~12.10 m,平均 11.57 m。

⑥层:粉质黏土(Q_4^{al+pl}),黄灰色,可塑,土质不均,切面光滑,干强度及韧性中等,局部为粉土。场区普遍分布,厚度 2.50~4.00 m,平均 3.30 m;层底标高-7.25~-6.00 m,平均-6.54 m;层底埋深 14.10~15.90 m,平均 14.85 m。

⑦层:粉土(Q_4^{al+pl}),黄灰色,密实,稍湿-湿,含贝壳碎屑,土质较均,切面粗糙,摇振反应迅速。场区普遍分布,厚度 6.80~8.10 m,平均 7.52 m;层底标高-14.80~-13.23 m,平均-14.19 m;层底埋深 21.60~23.40 m,平均 22.70 m。

⑧⁻¹层:粉土(Q_4^{al+pl}),黄褐色,密实,湿,土质较均,切面粗糙,摇振反应迅速,颗粒较

粗,近粉砂,局部夹有粉质黏土薄层。该层未穿透。

⑨$^{-2}$层:粉质黏土(Q_4^{al+pl}),灰黄色,可塑,土质较均,切面光滑,干强度及韧性中等,该层未穿透。

7.2.3.3 场地水

根据岩土工程勘察报告,场地地下水主要为赋存于松散层的孔隙潜水。其透水性较好,水量较丰富,主要接受大气降雨渗入补给、灌溉和地表河水的补给,以大气蒸发及向场外低洼处径流排泄为主要排泄途径。

勘察期间测得钻孔中地下水的稳定水位埋深3.10~3.50 m,标高4.55~5.85 m。地下水和地表水对混凝土结构均具弱腐蚀性,对钢筋混凝土结构中的钢筋在长期浸水条件下具微腐蚀性,在干湿交替条件下具中腐蚀性,对钢结构具中腐蚀性。

7.2.3.4 场地稳定性

根据岩土工程勘察报告,场地地势较平坦,未发现对管线有影响的滑坡、崩塌、泥石流、不稳定边坡等不良地质灾害。

管道所经区域无全新活动断裂通过,场地地基岩土主要以中软土为主,工程地质条件相对简单,管道沿线区域稳定性较好,不良地质作用不发育,较适宜管道的建设。

7.2.3.5 场地地震效应

场区抗震设防烈度为7度,设计基本地震加速度值为0.15g,抗震设计分组为第二组。拟建场地在20.0 m深度范围内的饱和粉土不发生地震液化现象。

该建筑场地抗震地段划分为对建筑抗震一般地段。建筑场地类别为Ⅲ类,设计特征周期可取0.55 s。

7.2.4 渠道治理情况

引黄济青工程经过30多年的调水运行,整体进入老化期,渠道、泵站、水库以及机电设备等均不同程度地存在安全隐患,输水效率降低,输水能力下降,已不能满足设计输水要求。为从根本上解决这些问题,省政府决定实施引黄济青改扩建工程,并于2012年批复初步设计,批复概算投资13.52亿元。

7.2.5 现有水利工程及其他设施情况

工程穿越渠道处左岸为交通道路,南面800 m为荣乌高速,无其他水利工程。渠道现状断面要素见表7-1,工程穿越处渠道现状见图7-2,渠道现状横断面见图7-3。

表 7-1 渠道现状断面要素

名称	渠底宽/m	渠底高程/m	左边坡	右边坡	左渠顶高程/m	右渠顶高程/m	上口宽/m
引黄济青干渠	9.73	4.20	1:2	1:2	9.00	9.00	28.93

图 7-2　工程穿越处渠道现状

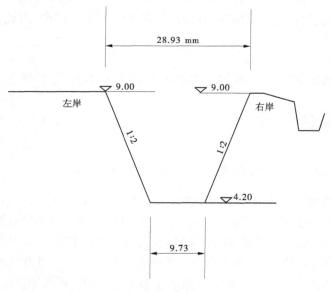

图 7-3　渠道现状横断面　（单位:m）

7.2.6　水利规划及实施安排

管道穿越处引黄济青工程暂无新的水利规划。

管道穿越处引黄济青工程渠道右岸外侧,规划建设南水北调东线工程二期输水渠道,初步方案为"两河三堤",2 条渠道平行布置,征地范围按引黄济青渠道右岸外侧 100 m 考虑,保护范围按征地范围线外侧 100 m 考虑,规划暂无其他具体设计指标。

7.3　防洪评价计算

7.3.1　水文分析计算

7.3.1.1　设计洪水标准

根据《油气输送管道穿越工程设计规范》(GB 50423—2013),该穿越工程等级为中型,设计洪水频率为50年一遇。

引黄济青渠道为输水渠道,无防洪任务,工程穿越处渠道设计流量为 32.3 m^3/s,校核流量为 35.5 m^3/s。

7.3.1.2　设计水位分析

工程穿越处的设计水位采用引黄济青工程改造后设计指标,设计水深为 2.79 m,校核水深为 2.93 m。

7.3.2　冲刷、淤积分析

7.3.2.1　冲刷计算

根据引黄济青工程改造后渠道现状,渠底铺设复合土工膜防渗,并回填 50 cm 当地土夯实;渠道边坡铺设复合土工膜防渗,并用预制混凝土板进行护砌,因此渠道输水时不会产生冲刷。

7.3.2.2　淤积分析

根据调查及地质资料分析,渠道基本常年输水,基本不会产生淤积。

7.4　防洪综合评价

7.4.1　项目建设与现有水利规划的关系及影响分析

工程穿越引黄济青渠道处规划建设南水北调东线二期工程输水渠道。

定向钻工程穿越引黄济青渠道出、入土点均布设在水利工程保护范围外,定向钻管线穿越长度 831.69 m,渠道上口宽 34.50 m(斜长),管道穿越长度远大于渠道上口宽度,管顶距渠底最小埋深 17.30 m,基本不影响引黄济青渠道下一步水利规划的实施。

定向钻工程入土点距引黄济青右岸南水北调东线二期工程规划征地范围线垂直距离 314.20 m,距规划保护范围线垂直距离 214.20 m,规划范围内管顶距离现状地面最小埋深 20.2 m,基本不影响南水北调东线二期工程规划的实施。

7.4.2　项目建设与现有防洪标准、有关技术要求和管理要求的适应性分析

7.4.2.1　设防标准分析

根据设计资料,输油管道穿越引黄济青干渠工程等级为中型,管道设防标准为50年一遇。引黄济青渠道和南水北调东线二期渠道为输水工程,无防洪任务,穿越工程设防标

准与渠道防洪标准相适应。

7.4.2.2　管线布置分析

根据《涉水建设项目防洪与输水影响评价技术规范》6.3.1规定,管道应尽量缩短穿越长度,宜与水流流向垂直。若因条件限制确实难以实现的,管道与水流流向夹角不宜小于60°。穿越处管道与渠道水流方向夹角123°,基本符合规范要求。

7.4.2.3　穿越长度分析

根据《涉水建设项目防洪与输水影响评价技术规范》6.4.1规定,采用定向钻施工方式时,若出、入土点均布设在水利工程管理范围外,距离水利工程不宜小于60 m;若有出、入土点布设在水利工程管理范围内,距离堤防迎水坡脚或水库、湖泊岸线不宜小于80 m。

根据《山东省胶东调水条例》(2011年11月25日),引黄济青渠道左岸管理范围距渠顶50 m,左岸保护范围距渠顶150 m,右岸管理范围距渠顶20 m,右岸保护范围距渠顶120 m。

根据工程穿越设计资料,管线穿越长度为831.69 m,引黄济青渠道断面上口宽34.50 m(斜长)。管道定向钻入土点距现状渠道右岸保护范围垂直距离294.20 m,出土点距现状渠道左岸保护范围垂直距离104.80 m,管道穿越出、入土点均不在渠道管理范围以内。管道定向钻入土点距右岸渠顶垂直距离414.20 m,距现状右堤背水坡脚垂直距离401.30 m,出土点距现状左岸渠顶垂直距离254.80 m,距现状左堤背水坡脚垂直距离236.80 m,穿越长度满足引黄济青渠道管理的要求。

定向钻工程入土点距引黄济青右岸南水北调东线二期工程规划征地范围线垂直距离314.20 m,距规划保护范围线垂直距离214.20 m,穿越长度基本满足南水北调东线二期工程规划要求。

7.4.2.4　穿越埋深分析

根据《涉水建设项目防洪与输水影响评价技术规范》6.5.2和6.5.4规定,采用定向钻施工方式时,其管顶距相应设计洪(输)水冲刷线不宜小于6 m。其中,在可以采砂的河段,管顶距河床不得少于7 m。建设项目穿越水利工程,应在相应位置设置永久性的识别和警示标志,并设置必要的安全监测设施。

引黄济青渠道输水校核工况下,穿越处的管顶埋深见表7-2。

表7-2　校核工况冲刷深度及管顶埋深

断面类型	项目	底部高程/m	冲刷线高程/m	管顶高程/m	管顶在河床以下埋深/m	管顶在冲刷线以下埋深/m
现状断面	引黄济青渠道	4.20	4.20	-13.10	17.30	17.30

由表7-2可知,管道在现状渠道断面内埋设深度符合规定,且管道设计设置了永久性的识别和警示标志,因此管道穿越埋深符合规范要求。

7.4.3 项目建设对渠道输水安全的影响分析

根据管道设计资料,输油管道采用定向钻穿越引黄济青渠道。定向钻是一种先进的管线穿越施工方法,施工期间和工程运行期均不占用渠道有效过水面积,项目建设对渠道输水无影响。

根据冲刷计算,管道顶高程在现状引黄济青渠道断面冲刷线以下最小埋深 17.30 m,不会因为渠道冲刷而暴露管道,阻碍输水。

定向钻穿越渠道处,渠道中心线距上游寿光输油站 5 km,下游 11# 阀室 7.5 km,突发情况下可有效避免渠道污染事故的发生。

因此,项目建设对引黄济青渠道输水安全基本无影响。

7.4.4 项目建设对渠道稳定的影响分析

工程采用定向钻穿越引黄济青输水渠道,穿越入土点、出土点均位于渠道保护范围以外,工程建设前后,渠道的水流流态、流势不会发生明显的变化,不会对渠道稳定产生影响。

7.4.5 项目建设对现有堤防、护岸及其他水利工程与设施影响分析

现状引黄济青渠道有堤防和护岸,管道埋深较大,对渠道护岸稳定基本无影响。拟建项目处上下游附近无其他水利设施,输油管道定向钻穿越渠道对其他水利工程与设施无影响。

7.4.6 建设项目防御洪涝的设防标准与措施是否适当

7.4.6.1 设计洪水频率分析

根据《油气输送管道工程水平定向钻穿越设计规范》(SY/T 6968—2021)和《油气输送管道穿越工程设计规范》(GB 50423—2013),引黄济青渠道穿越为中型穿越,设计洪水频率为 50 年一遇。

根据设计单位提供资料,管道设计洪水频率为 50 年一遇,符合规范要求。

7.4.6.2 设计埋深分析

根据《油气输送管道穿越工程设计规范》(GB 50423—2013)规定,水域穿越管段管顶埋深不小于设计洪水冲刷线或疏浚深度线以下 6 m。

根据冲刷计算结果,管顶距渠道输水冲刷线最小埋深 17.30 m,满足规范要求。

因此,建设项目防御洪涝的设防标准与措施适当。

7.4.7 项目建设对第三人合法水事权益的影响分析

工程穿越处无航运、码头、取水口等设施,因此项目建设对第三人合法水事权益无影响。

7.5　工程影响防治与补救工程设计

管道施工前,应根据其穿越方式及穿越工程位置,编制相应的施工组织方案,并报有关部门审批后方可施工。输油管道施工采用定向钻方式,可能对输水渠道管理范围内的土体产生扰动作用,建议施工结束后,出、入土点处分层回填黏土,每层厚度不大于 30 cm,范围为管道轴向和径向各 3 m 以上,深 2 m,压实度不小于 0.95。

7.6　结论与建议

7.6.1　结论

根据前面分析、计算、防洪综合评价等,得出评价结论如下:

(1)本工程基本满足引黄济青渠道现状及规划要求,基本满足南水北调东线二期工程规划要求,对现有水利规划的实施基本没有影响。

(2)本工程的设防标准高于引黄济青和南水北调东线二期工程输水渠道防洪标准,与输水渠道防洪标准相适应。

(3)输油管道采用定向钻穿越引黄济青渠道,输油管道埋置于渠底以下,既不会造成壅水,也不会减少渠道的输水断面,且穿越处上下游设置了阀室,项目建设对渠道输水及输水安全基本无影响。

(4)根据冲刷计算结果,管顶最小埋深位于引黄济青渠道最大冲刷线以下 17.30 m,满足管道埋深要求;输油管道不占用引黄济青渠道输水断面,对水流的流态和流势无影响,项目建设对引黄济青渠道稳定基本无影响。

(5)项目建设对现有堤防、护岸及其他水利工程与设施基本无影响。

(6)建设项目防御洪涝的设防标准及工程措施基本合适。

(7)建设项目穿越引黄济青工程和南水北调东线二期工程渠道不涉及第三人合法水事权益问题。

(8)为不影响引黄济青工程右岸南水北调东线二期工程规划的实施,输油管线顺引黄济青工程右岸布置段距渠道右堤堤外脚垂直距离不应小于 200 m。

7.6.2　建议

(1)管道穿越渠道采用定向钻方式,可能对渠道管理范围内的土体产生扰动,建议采取以下措施:一是在管道回拖施工结束后,进行回填灌浆处理,将穿越洞壁与管道外壁之间的空隙充填密实,浆液材料及配比、灌浆压力等参数通过现场试验确定;二是施工结束后,出入土端设置防渗措施,采用三七灰土回填并夯实,范围为管道轴向和径向各 3 m 以上,深 2 m,压实度不小于 0.95。

(2)光缆管道与输油管道并行敷设,建议光缆管道的施工一并由输油管道专业施工队伍完成。

（3）为了不影响渠道的正常运用以及本工程的施工安全，项目开工前，建设单位应将穿越工程施工组织设计报请渠道主管部门同意；工程竣工验收前，建设单位应会同渠道主管部门，对工程竣工清理进行检查验收。

（4）项目建成后，应在穿越工程一定范围内设置永久性的识别和警示标志，并设置必要的安全监督设施，确保渠道输水安全，避免造成渠道污染事故。工程运行一旦发生安全事故，应及时关闭上下游线路控制闸阀。为不影响引黄济青工程右岸南水北调东线二期工程规划的实施，输油管线顺引黄济青工程右岸布置段距渠道右堤堤外脚垂直距离不应小于 200 m。

第8章

顶管法穿越河道防洪影响评价

8.1 项目简介

8.1.1 项目建设位置

烟台港原油管道复线工程穿越会文河位置位于蓬莱市小门家镇小埠村西南 420 m、G18 荣乌高速北 170 m、河道中泓桩号 2+600 处(0+000 为入黄水河东支流河口),工程穿越位置及河势分别见图 8-1、图 8-2。

图 8-1　输油管道穿越会文河位置

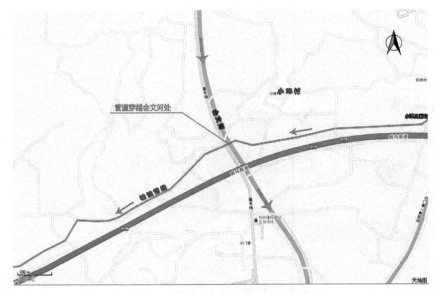

图 8-2　输油管道穿越会文河处河势

8.1.2　建设规模与防洪标准

工程采用顶管穿越,穿越工程等级为中型。根据《油气输送管道穿越工程设计规范》（GB 50423—2013）,桥梁上游 300 m 范围内的穿越工程,设计洪水频率不低于该桥梁的设计洪水频率,穿越位置位于 G18 荣乌高速会文河大桥上游 170 m 处,会文河大桥防洪标准为 100 年一遇,穿越工程设计洪水频率取 100 年一遇。

8.1.3　穿越工程设计方案

8.1.3.1　穿越布置

根据场地地形地貌及工程地质条件,会文河东岸地势平坦,交通便利,满足始发场地的需求,可设置顶管隧道的发送井;西岸有平行于河道的高压线,可设置顶管隧道的接收井。本次顶管穿越主要地层为强风化花岗片麻岩、中风化花岗片麻岩。

利用顶管自东向西一次穿越,穿越起、终点之间的水平长度 186.9 m,管道实长 193.54 m,顶进套管长 154 m。起点位于会文河左岸,线路里程 $K = 0+000$,坐标 $X = 4\,167\,101.766$,$Y = 570\,402.716$;终点位于会文河右岸,线路里程 $K = 0+186.9$,坐标 $X = 4\,167\,006.684$,$Y = 570\,241.826$。发送井中心坐标 $X = 4\,167\,092.284$,$Y = 570\,386.673$;接收井中心坐标 $X = 4\,167\,008.719$,$Y = 570\,245.269$。穿越管线与会文河中心线之间的交角为 90°。

顶管发送井距左堤外堤脚线 51.0 m,接收井距右堤外堤脚线 44.9 m。穿越处会文河河底高程 83.19 m,河道底宽 31.6 m,河底以下最大管底高程 74.80 m,最大套管顶高程 76.68 m,套管顶河底最小埋深 6.51 m。

管道工程通信系统所用的光缆套管为 Φ114×4 mm 镀锌钢管,与管线在一个套管内穿越。

8.1.3.2　管材选择

管线规格及防腐方式:输油管道规格为 Φ711×14.2 L450M PSL2 SAWL 钢管,防腐方式为普通级双层熔结环氧粉末+保温层+高密度聚乙烯层;套管选用钢承口 A 型 DRCP Ⅲ 1 800×2 000 GB/T 11836 钢筋混凝土套管,执行标准为《混凝土和钢筋混凝土排水管》(GB/T 11836—2009)。

8.2　河道基本情况

8.2.1　流域概况

会文河起点小门家镇接家沟村,讫点为小门家镇陡山村,流域面积 43.7 km²,全长 8 km,最后汇入黄水河东支流。会文河流域山峦起伏,沟壑纵横,属低山丘陵貌类型,其中山区约占 31.4%,丘陵约占 48.3%,平原约占 20.3%。总体地势为由南向北倾斜。

8.2.2　水文气象

蓬莱市地处中纬度,属暖温带季风区大陆性气候,年平均气温 11.7 ℃,年平均日最高气温 28.8 ℃,年平均日最低气温 −2.3 ℃,极端最高气温 38.8 ℃,极端最低气温 −14.9 ℃,年平均降水量 664 mm,年平均日照量 2 826 h,无霜期平均 206 d,相对湿度 65%,年均风速 5.2 m/s,无洪水,不受台风影响。蓬莱市地下水主要以第四系孔隙水和基岩裂隙水为主。地下水资源年均 14 211 万 m³,占全市水资源总量的 60.50%,地区分布呈北多南少之势,年内分配变化不大;年际调节能力较大,易于开发利用;可开发利用地下水资源 7 954 万 m³,占地下水资源的 55.97%,占全市可利用水资源总量的 62.25%。

8.2.3　工程地质

8.2.3.1　地形地貌

穿越区属丘陵地貌,地形平缓开阔,略有起伏,总体地势平坦。场区勘察点分布高程为 84.69~85.41 m,相对高差约为 0.72 m。

8.2.3.2　地层结构及特征

根据岩土工程勘察报告,穿越场地在勘察深度范围内的地层主要由第四系全新统~上更新统冲洪积(Q₄^{al+pl})砂组成,下伏基岩为元古代(P_t)花岗片麻岩风化带,地层分类描述如下:

①层:素填土,黄褐色,稍密,稍湿,填土主要成分为粗砂,混少量黏性土,上部含少量植物根系。本次勘察场区内 ZK2、ZK3 孔揭示,层厚 0.70~0.90 m,其层底分布高程为 84.51~84.63 m。

②层:中粗砂,黄褐色,中密-密实,稍湿,砂质不均,主要成分为石英、长石,含少量云母片,混少量角砾,局部夹黏性土薄层,采取率约 65%。本次勘察场区内 ZK1、ZK3 孔揭示,层厚 7.20~7.50 m,其层底分布高程为 77.13~77.49 m。

③层:强风化花岗片麻岩,黄褐色,原岩结构构造基本破坏,主要矿物成分为长石、石

英、黑云母及少量角闪石,岩芯风化为砂土状,少量碎块状,手掰可碎,采取率为60%~70%。为极软岩,极破碎,岩体基本质量等级为Ⅴ级。本次勘察场区内ZK1、ZK3孔揭示,层厚1.10~1.10 m,其层底分布高程为76.03~76.39 m。

③¹层:强风化花岗片麻岩,青灰色,原岩结构构造基本破坏,主要矿物成分为长石、石英、黑云母及少量角闪石,岩芯风化为碎块状及砂状,一般块径1~2 cm,最大5 cm,锤击易碎,采取率约65%。为极软岩,极易破碎,岩体基本质量等级为Ⅴ级。本次勘察场区内仅在ZK2孔揭示,层厚4.00 m,其层底分布高程为80.51 m。

④层:中风化花岗片麻岩,灰白色,中粒结构,块状构造,节理、裂隙发育,主要矿物成分为长石、石英、黑云母及少量角闪石,岩芯呈短柱状,局部大块状,一般块径5~8 cm,最大12 cm,柱状一般柱长10~15 cm,最大27 cm,锤击清脆,不易碎,采取率约85%。为较硬岩,较完整~较破碎,岩体基本质量等级为Ⅲ~Ⅳ级。本次勘察场区内各钻孔均有揭示,层厚0.70~5.10 m,其层底分布高程为74.69~75.41 m。本层未揭穿。

8.2.3.3 场地水文地质条件

1. 地表水

穿越区会文河勘察期间河道内干涸,多植被。勘察期间,未见地表水。

2. 地下水

根据地下水埋藏条件,场区地下水类型为松散岩类裂隙水及基岩裂隙水,水位埋深较大。勘察深度范围内未见地下水。

8.2.3.4 场地稳定性评价

从区域地质来看,穿越区及附近无全新活动断层通过,亦未发现其他小型构造。场地目前稳定性良好,地基土分布较为稳定,总体上适宜本工程的建设。

8.2.3.5 地震效应

根据岩土工程勘察报告,穿越处地震动峰值加速度为0.10g,抗震设防烈度为7度;反应谱特征周期为0.40 s,设计地震分组属第二组。穿越场地可划分为建筑抗震一般地段。场地地层岩性主要为中粗砂及强风化花岗片麻岩,场地覆盖层厚度3~50 m,场地土类型为中软土,场地类别为Ⅱ类场地。

在抗震设防烈度为7度、设计基本地震加速度为0.10g、设计地震分组为第二组的条件下,穿越场地在20.0 m深度范围内②层饱和中粗砂不液化。

8.2.4 河道情况

8.2.4.1 河道边界条件

输油管道穿越会文河处河道中泓桩号为2+600(0+000为入黄水河东支流河口),穿越处以上流域面积为25.2 km²,管道与水流方向夹角为90°,管道穿越会文河处现状河道照片见图8-3。

现状河道断面要素:输油管道穿越会文河处,两岸均有堤防,基本为单式断面,河底宽度为31.6 m,左堤顶高程86.65 m,右堤顶高程86.40 m,河底高程83.19 m,河道比降0.006 25。穿越处河道现状断面要素见表8-1,横断面见图8-4。

图 8-3　管道穿越会文河处现状河道照片

表 8-1　穿越处河道现状断面要素

左堤顶高程/ m	右堤顶高程/ m	左岸 边坡	右岸 边坡	河底高程/ m	河底宽度/ m	河道 比降	糙率
86.65	86.40	1:1.74	1:1.43	83.19	31.6	0.006 25	0.030

图 8-4　穿越处河道现状横断面图

8.2.4.2　河道管理范围

根据《蓬莱市会文河管理范围和保护范围划界》(2019 年 12 月),会文河穿越处两岸均有堤防,河道管理范围为堤防背水坡堤脚外 5 m。

8.2.4.3　岸线功能区划

岸线功能区是根据岸线资源的自然和经济社会功能属性以及不同的要求,将岸线资源划分为不同类型的区段,岸线功能区界线与岸线控制线垂向或斜向相交。岸线功能区分为岸线保护区、岸线保留区、岸线控制利用区和岸线开发利用区四类。根据《蓬莱市会文河岸线利用管理规划》(烟台市水利建筑勘察设计院,2019 年 11 月),输油管道穿越处河道中泓桩号为 2+600,穿越处位于岸线开发利用区。

8.2.5 现有水利工程及其他设施情况

穿越位置下游 170 m 处为 G18 荣乌高速会文河大桥。

8.3 河道演变

8.3.1 河道演变概述

河道演变是指河流的边界在自然情况下或受人工建筑物干扰时所发生的变化。这种变化是水流和河床相互作用的结果。河床影响水流结构,水流促使河床变化,两者相互依存、相互制约,经常处于运动和不断发展的状态。河道水流中夹有泥沙,其中一部分是滚动和跳跃前进的推移质泥沙,另一部分是浮游在水中前进的悬移质泥沙。在一定的水流条件下,水流具有一定的挟沙能力,亦即能够通过断面下泄沙量(包括推移质和悬移质)。如上游来沙量与本河段水流挟沙能力相适应,则水流处于输沙平衡状态,河床既不冲亦不淤;如来沙量大于挟沙能力则河床发生淤积,反之,则发生冲刷。由输沙不平衡引起的淤积或冲刷,造成河床变形。

由于泥沙运动的影响,河床断面的形状随时间而变化。河床断面经常处于冲淤交替的过程中,断面增大则流速减小,输沙能力降低,冲刷将逐渐停止;随着断面逐渐缩小,则流速逐渐加大,输沙能力也逐渐增强,淤积亦逐渐停止,甚至由淤积转换为冲刷。因此,河床冲淤具有自动调整作用,但平衡只是相对的、暂时的,不平衡是绝对的。

河床演变有纵向变形和横向变形、单项变形和往复变形、长河段变形和短河段变形。上述各种变形现象总是错综复杂地交织在一起,发生纵向变形的同时往往发生横向变形,发生单项变形的同时往往也发生往复变形,再加上各种局部变形,故河床演变过程是极其复杂的。

影响河床演变的因素是极其复杂且多样的,与该流域的地质、地貌、土壤及植被等有密切联系。其主要影响作用通常有四项:流量大小及其变化过程;流量来沙及其组成;河道比降;河床物质组成情况。河道演变是一个三维问题,因河流边界条件极其复杂多变,现阶段还不能从理论上进行求解,一般只能借助于定性的描述和逻辑推理的方法进行分析研究。

8.3.2 河道历史演变概况

会文河是黄水河东支流的支流,发源于小门家镇接家沟村,流域面积 43.7 km²,全长 8 km。历史上,会文河受人为因素影响较小,涨水冲刷,落水淤积,河道以冲淤交替发生的自然演变为主,总体表现为上游河道冲刷,河床切割降低,粒质粗化,下游河道河床淤积抬高,河床粒质渐细。

8.3.3 河道近期演变分析

近年来,通过河道治理等措施,大大提高了拦蓄能力,使河道的防洪能力大大提高,人类活动从根本上改变了河流的天然状态和河流泥沙的自然边界条件。河道管理部门通过加强河道管理、规范采沙程序、加强水土保持,使河床近期内推移质下移的可能性减小,总体上维持现状断面。

8.3.4　河道演变趋势分析

会文河属季节性山洪河道,河道流量随季节变化较大。由于历史实测资料较少,本次对河道演变趋势只进行定性分析。

河道未来演变的主要表现为主河槽因中等洪水造床作用,河道深泓在大堤内小幅度摆动。在正常运行管理的情况下,预计未来工程位置处河道的河型及河道内堤距不会发生大的变动。今后长时间内,河床仍将在人为因素的影响下发生局部变化,不会出现大的平面位移与河底下切,而且随着治理措施的进一步完善,河道会更加稳定。

8.4　防洪评价计算

8.4.1　水文分析计算

8.4.1.1　设计洪水标准

根据蓬莱区水利局提供资料,会文河穿越段河道防洪标准为 20 年一遇。会文河穿越为中型穿越,穿越工程设计洪水频率为 100 年一遇。因此,本次评价按 20 年一遇、100 年一遇防洪标准进行评价。

8.4.1.2　设计洪水推求

穿越断面以上流域面积为 25.2 km²,干流坡度为 0.006 25。

1. 计算方法

穿越处 20 年一遇、100 年一遇设计洪水参照《山东省水文图集》和《山东省中小河流治理工程初步设计洪水计算指导意见》(以下简称《指导意见》)中瞬时单位线法计算设计洪水。

2. 设计暴雨计算

本次采用实测暴雨资料法,选取蓬莱区大辛店雨量站暴雨资料,资料系列为 1951—2016 年,暴雨系列中包含了多个大暴雨、特大暴雨年份,资料具有较好的代表性,可信程度高。

设计暴雨采用 P-Ⅲ型曲线进行频率分析,24 h 最大点暴雨均值为 94.52 mm,$C_v =$ 0.52,$C_s = 3.5 C_v$。穿越处以上流域 24 h 暴雨点面换算系数均为 1。查 P-Ⅲ型曲线模比系数 K_p 表,得各设计频率的 K_p 值,得出相应设计频率面暴雨量。穿越断面流域 20 年一遇、100 年一遇最大 24 h 设计面暴雨量见表 8-2。

表 8-2　设计面暴雨计算成果

流域	设计雨期/h	均值/mm	C_v	C_s/C_v	设计面雨量/mm	
					5%	1%
穿越处以上	24	94.52	0.52	3.5	191.98	267.05

3. 设计净雨计算及时程分配

设计净雨计算采用降雨径流相关法,根据《指导意见》,采用胶东地区降雨径流关系 2 号线,前期影响雨量采用 40 mm。

4. 汇流计算

采用瞬时单位线进行汇流演算穿越处的设计洪水过程线。汇流计算采用《指导意见》中一般山丘区瞬时单位线综合公式:

$$M_1 = KF^{0.33}J^{-0.27}R^{-0.20}t_c^{0.17} \tag{8-1}$$

式中　M_1——瞬时单位线参数;

　　　K——系数,与平原占流域的比例有关;

　　　F——流域面积,25.2 km²;

　　　J——河道比降,0.006 25;

　　　R——净雨量,mm;

　　　t_c——净雨历时,h。

根据流域设计净雨和瞬时单位线进行汇流演算,即可求得穿越处设计洪水过程线,其中基流按每 100 km² 加 1.0 m³/s 计算。

5. 设计洪水成果及合理性分析

会文河流域内有 1 座小(1)型水库——会文水库,需考虑水库调蓄作用,洪水传播时间根据洪水推进速度及水库至计算各单元下游断面河道的长度进行推求。

会文水库位于会文河支流,会文村西南 0.1 km,控制流域面积 3.2 km²。根据《蓬莱市小门家镇会文水库除险加固工程初步设计说明书(修订稿)》(烟台市水利建筑勘察设计院,2014 年 8 月),会文水库设计洪水标准为 50 年一遇,校核洪水标准为 500 年一遇,总库容为 108 万 m³,溢洪道位于大坝右端,为无闸控制开敞式溢洪道;会文水库 20 年一遇设计洪水位为 132.75 m,最大下泄流量为 35.0 m³/s。

会文水库 100 年一遇下泄流量过程采用《小水库洪水核算办法》,坝址以上河道长度 2.3 km,控制流域面积 3.2 km²,主河槽糙率为 0.030,河道纵坡比降为 0.018,经计算,会文水库 100 年一遇洪水下泄流量为 54.4 m³/s。

洪水从会文水库溢洪道至穿越处演进时间为 0.05 h 左右。由各区间计算单元设计洪水与水库相应频率设计洪水经调洪后下泄的洪水过程错时段叠加。经计算,管道穿越处 20 年一遇、100 年一遇的河道洪峰流量分别为 203.6 m³/s、291.0 m³/s,计算成果见表 8-3。

表 8-3　管道穿越处流量成果

频率	规划值/（m³/s）	计算值/（m³/s）	本次采用成果/（m³/s）
$P=5\%$	—	203.6	203.6
$P=1\%$	—	291.0	291.0

8.4.1.3　设计洪水位推求

采用能量方程，下游起始断面为 0+000（入黄水河东支流河口），河道糙率取 0.030，河道纵坡比降为 0.006 25，推算穿越处的水位值。管道穿越处设计洪水成果见表 8-4。

表 8-4　管道穿越处设计洪水成果

断面类型	频率	设计流量/（m³/s）	设计洪水位/m	设计流速/（m/s）
现状断面	5%	203.6	84.89	3.50
	1%	291.0	85.29	3.98

8.4.2　冲刷与淤积分析计算

8.4.2.1　冲刷计算

根据管道设计单位提供的地质资料，穿越处河底位于中粗砂层，按《公路工程水文勘测设计规范》（JTG C30—2015）中冲刷深度计算公式进行计算。在 100 年一遇设计洪水的情况下，河道发生一般冲刷后管顶最小埋深 3.64 m，见表 8-5。

表 8-5　河道冲刷计算成果

频率 P	河槽设计流量 Q_2/（m³/s）	河槽最大水深 h_{cm}/m	河槽平均水深 h_{cq}/m	河槽部分桥孔过水净宽 B_{cj}/m	河槽土平均粒径 d_p/mm	河槽一般冲刷后最大水深 h_p/m	河槽一般冲刷深 Δh_p/m	河槽冲刷线高程/m
5%	203.6	1.70	1.53	37.0	3	4.00	2.31	80.88
1%	291.0	2.10	1.85	38.2	3	4.97	2.87	80.32

8.4.2.2　淤积分析

根据调查及地质资料分析，汛期行洪时河道流量较大，平时河道流量较小，一年中汛期大流量时间少于小流量时间，上游来水量小时河道淤积，但每经一场洪水后，表层淤土被冲刷，河道基本长期处于冲淤平衡状态。

8.4.3　渗流及堤防边坡稳定分析

8.4.3.1　渗流稳定分析

管道工程穿越会文河处采用顶管方式，管道在堤防下埋深较深（堤脚处管顶最小埋深 8.04 m），管道施工过程中，对穿孔周围的土壤进行了压实，降低了管道周边土壤的渗透系数，增加了土壤的稳定性。所以，管道的穿越对穿越处地质的影响没有向不利于堤身及河槽稳定的方面发展。

《堤防工程设计规范》（GB 50286—2013）明确规定，穿堤的各类建筑物与土堤接合部位应能满足渗透稳定要求，在建筑物外围应设置截流环或刺墙等，渗流出口应设置反滤排水。管道设计时，顶管进出洞口设止水钢环；竖井内施工底板时，在竖井底部设集水坑，用于竖井内排水；另外，为减少汇入竖井内的降雨量，施工过程中，周围可根据情况设置临时截排水沟。鉴于本工程为压力管道，施工中不可避免地会产生振动，因此建议管道穿大堤施工时，尽量减小对管周土体的扰动。

8.4.3.2 堤防边坡稳定分析

根据地质勘察报告，穿越处地形平缓开阔，略有起伏，总体地势平坦，河段较为顺直，水流较为平缓，下蚀作用较弱，河床及岸坡较稳定。本工程采用顶管穿越堤防，两岸均有堤防。顶管发送井距左堤外堤脚线 51.0 m，距河道左侧管理范围线 46.0 m；接收井距右堤外堤脚线 44.9 m，距河道右侧管理范围线 39.9 m，并且管道在堤防下埋深较深，本工程穿越基本不会对堤防及岸坡的稳定造成影响。

8.5　防洪综合评价

8.5.1　与现有水利规划的关系与影响分析

根据《堤防工程设计规范》（GB 50286—2013）、《河道管理范围内建设项目防洪评价编制导则（试行）》等的要求，穿堤项目的建设必须满足水利流域规划的要求。会文河穿越段河道防洪标准为 20 年一遇，河道暂无水利规划。

管道穿越会文河两岸均有堤防，现状断面满足 20 年一遇设计防洪标准。根据设计资料，顶管工作井均位于河道管理范围以外，发送井距左堤外堤脚线 51.0 m，接收井距右堤外堤脚线 44.9 m，基本不影响河道下一步水利规划。

8.5.2　与现有防洪标准、有关技术和管理要求的适应性分析

8.5.2.1　防洪标准

根据设计资料，会文河穿越工程等级为中型，其设计洪水频率为 100 年一遇，河道防洪标准为 20 年一遇，穿越工程的洪水标准适当。

8.5.2.2　管线布置要求

根据《涉水建设项目防洪与输水影响评价技术规范》（DB 37/T 3704—2019）（以下简称《评价技术规范》），管道不应与水利工程岸线呈平行状埋设，应尽量缩短穿越长度，宜与水流流向垂直。若因条件限制确实难以实现的，管道与水流流向夹角不宜小于 60°。穿越处管道与河流中心线方向夹角为 90°，符合规范要求。

8.5.2.3　穿越长度要求

根据《评价技术规范》，采用顶管施工方式时，顶管工作井距堤防坡脚或河道、渠道、

水库、湖泊岸线不宜小于 30 m。

顶管发送井距左堤外堤脚线 51.0 m,接收井距右堤外堤脚线 44.9 m,穿越工程符合规范要求。

8.5.2.4　穿越埋深要求

《评价技术规范》规定:管道顶高程宜低于相应设计洪(输)水冲刷线以下 1.5 m;建设项目穿越水利工程,应在相应位置设置永久性的识别和警示标志,并设置必要的安全监测设施。根据《油气输送管道穿越工程设计规范》(GB 50423—2013)规定:水域顶管法隧道上部所需覆土层的最小厚度,应大于 2.0 倍隧道外径,且低于设计冲刷线以下 1.5 倍隧道外径。根据冲刷计算结果,管顶距河底 6.51 m,距设计洪水冲刷线 3.64 m,满足规范要求;根据设计资料,穿越会文河处设置了警示牌及穿河桩。

8.5.3　对行洪安全的影响分析

根据管道设计资料,输油管道采用顶管穿越会文河。顶管施工在河道两侧陆地上进行,在河槽内不增加永久性和临时性的阻水建筑物,管道埋设位于河床以下,不占用河道的有效行洪断面,既不会造成壅水,也不会减少河道的行洪断面,因此项目建设对河道行洪安全无影响。

8.5.4　对河势稳定的影响分析

根据冲刷计算结果,管顶最小埋深位于设计洪水最大冲刷线以下 3.36 m,满足冲刷要求。输油管道与河道的交叉采用地下埋管方式,不占用河道行洪断面,不会引起河势的大幅度调整,河道的冲淤变化仍以自然演变为主。故项目建设不会改变水流的流态,对河势稳定无影响。

8.5.5　对现有堤防、护岸及其他水利工程与设施影响分析

8.5.5.1　对堤防的影响分析

穿越段现状河道两岸均有堤防。管道采用顶管穿越河道,不涉及破堤施工,而且在施工中采取了各种措施,以防施工过程中发生冒浆、塌孔等危及堤防安全的事故。因此,项目的建设对堤防无影响。

8.5.5.2　对护岸工程的影响分析

穿越处河道两岸为浆砌石直墙护岸,输油管道采用顶管穿越会文河,管顶距现状河底最小埋深 6.51 m,管道穿越会文河对护岸没有影响。

8.5.5.3　对其他水利工程与设施的影响分析

穿越位置下游 170 m 处为 G18 荣乌高速会文河大桥。项目建设不影响桥梁桥墩安全,对其他水利工程与设施无影响。

8.5.6　对防汛抢险的影响分析

本工程采用顶管施工方式穿越会文河,管道埋设在河床以下,项目计划在非汛期施工,施工中不破坏岸顶道路,不占用防汛抢险道路,项目建成前与建成后均不影响汛期防

洪抢险队伍、物资的运输。因此,项目的建设对防汛抢险无影响。

8.5.7 建设项目防御洪涝的设防标准与措施

8.5.7.1 穿越工程的洪水标准

本穿越工程设计洪水频率为 100 年一遇,会文河防洪标准为 20 年一遇,穿越工程与河道标准相适应。

8.5.7.2 冲刷对穿越工程的影响

根据《油气输送管道穿越工程设计规范》(GB 50423—2013)规定:水域顶管法隧道上部所需覆土层的最小厚度,应大于 2.0 倍隧道外径,且低于设计冲刷线以下 1.5 倍隧道外径。根据冲刷计算结果,管顶距离河底 6.51 m,距离设计洪水冲刷线 3.64 m,满足规范要求。

8.5.8 对第三人合法水事权益的影响分析

经调查,会文河右岸规划布设城乡供水一体化管道,管道为 DN200 球墨铸铁管,输油管道与供水管道交叉,建设单位已与输水管道权属单位充分沟通并达成一致:建设单位在施工期间合理预留输油管道与输水管道间距,满足相关规范要求。综上所述,项目建设对第三人合法水事权益基本没有影响。

8.5.9 对河道岸线利用规划的影响评价

岸线功能区分为岸线保护区、岸线保留区、岸线控制利用区和岸线开发利用区四类。输油管道穿越处河道中泓桩号为 2+600,位于岸线开发利用区,项目建设对河道岸线利用影响较小。

8.6 工程影响防治与补救工程设计

管道穿越采用顶管法施工,发送井距左堤外堤脚线 51.0 m,接收井距右堤外堤脚线 44.9 m,均位于河道管理范围外,对河道的影响较小。管道施工完成后工作井采用回填黏土分层填筑压实,每层厚度不大于 30 cm,压实度不低于 0.95。

管道施工前,应根据其穿越方式及穿越工程位置,编制相应的施工组织方案,并报有关部门审批后方可施工。

8.7 结论与建议

8.7.1 结论

根据前面分析、计算、防洪综合评价等,得出评价结论如下:

(1)会文河暂无水利规划。经分析,工程基本不影响河道下一步水利规划。

(2)工程的防洪标准高于河道防洪标准,管线布置及埋深满足有关技术规范要求,穿越长度满足规范要求。

（3）输油管道采用顶管穿越会文河,输油管道埋置于河床以下,既不会造成壅水,也不会减少河道的行洪断面,因此项目建设对河道行洪安全无影响。

（4）根据水流冲刷计算结果,管顶最小埋深位于设计洪水最大冲刷线以下 3.64 m,满足冲刷要求。同时输油管道不占用河道行洪断面,不会引起河势的大幅度调整。故项目建设对河势稳定无影响。

（5）管道穿越对堤防没有影响,对护岸没有影响,对现有水利工程及其他设施没有影响。

（6）项目计划在非汛期施工,对防汛抢险没有影响。

（7）建设项目防御洪涝的设防标准及工程措施基本合适。

（8）经调查,会文河右岸规划布设城乡供水一体化管道,管道为 DN200 球墨铸铁管,输油管道与供水管道交叉,建设单位已与输水管道权属单位充分沟通并达成一致:建设单位在施工期间合理预留输油管道与输水管道间距,满足相关规范要求。综上所述,项目建设对第三人合法水事权益基本没有影响。

（9）输油管道穿越处位于岸线开发利用区,项目建设对河道岸线利用影响较小。

8.7.2　建议

（1）输油管道采用顶管穿越会文河,工程施工结束后恢复河道原有断面。两侧工作井采用黏土回填,分层铺土、分层压实,每层厚度不大于 30 cm,压实度要求不低于 0.95;其余部分采用原状土回填、压实。

（2）为保证管道的正常运行与安全,建议对管道两侧河道上、下游一定范围内进行保护。若在此范围内修建码头、抛锚、挖沙、筑坝、进行水下爆破或其他可能危及管道安全的水下作业,双方应协商解决。

（3）为了不影响河道的正常运用以及本工程的施工安全,建议开工前建设单位将穿越工程施工组织设计报请水利主管部门同意。

（4）管道施工拟安排在非汛期进行,根据有关规范,施工单位需编制施工方案报有关水行政主管部门批复后方可进行。

（5）管道在运行过程中要加强管理,重点监测,确保河道的行洪安全,并避免造成河道污染事故。

（6）穿越工程施工前需对地下管道、电缆及其他地下建筑物进行详细调查和现场勘察,以确保施工安全。

（7）工程运行一旦发生安全事故,应及时关闭上游的线路截断阀门。

（8）建设项目穿越水利工程,应在相应位置设置永久性的识别和警示标志,并设置必要的安全监测设施。

（9）当输油管道与已建管道并行敷设时,上方地区管道间距不宜小于 6 m,如受制于地形或其他条件限制不能保持 6 m 间距时,应对已建管道采取保护措施。石方地区与已建管道并行间距小于 20 m 时,不宜进行爆破施工;当输油管道与其他埋地管道或金属构筑物交叉时,其垂直净距不应小于 0.3 m,两条管道交叉角不宜小于 30°;管道与电力、通信电缆交叉时,其垂直净距不应小于 0.5 m。

第9章

挖沟法穿越河道防洪影响评价

9.1 项目简介

9.1.1 建设位置

烟台港原油管道复线工程穿越干河位置位于寒亭区固堤街道神堂子村东 300 m,荣乌高速南 1.35 km,河道中泓桩号 2+200 处(以干河汇入白浪河处为 0+000)。管道穿越干河位置见图 9-1。管道穿越处干河河势见图 9-2。

图 9-1 管道穿越干河位置

图 9-2　管道穿越处干河河势

9.1.2　建设规模与防洪标准

根据设计单位提供资料,该穿越工程等级为小型,设计洪水频率为 50 年一遇。

9.1.3　穿越工程设计方案

9.1.3.1　挖沟法穿越平面布置

烟台港原油管道复线工程采用挖沟法穿越干河,为小型穿越,管道与水流方向夹角为 96°,穿越水平长度为 116.45 m,穿越处管底高程−2.63 m,管顶高程−1.87 m。穿越处现状河底高程 1.21 m,穿越处设计管顶距现状河底最小距离 3.08 m,左岸顶高程 3.66 m,右岸顶高程 3.61 m。河道左侧管道转弯点距左侧管理范围线垂直距离 20.4 m,河道右侧管道转弯点距右侧管理范围线垂直距离 15.27 m。管道工程通信系统所用的光缆套管与管线同沟敷设。

9.1.3.2　管材选择

管线规格及防腐方式:输油管道规格为 Φ711×11.0 L450M SAWH 钢管,防腐方式为普通级双层熔结环氧粉末+保温层;光缆套管为 Φ114×4 mm 镀锌钢管。

9.2　河道基本情况

9.2.1　河道概况

9.2.1.1　流域概况

干河位于寒亭区西北部、白浪河东侧,发源于寒亭区开元街道孙家杨孟村西,流经寒亭区开元街道和固堤街道、滨海经济开发区,由滨海经济开发区前岭子村西入白浪河,系排水干沟。干河全长22 km,总流域面积60.1 km²,寒亭区境内长17.8 km,河道最大宽度50 m,最小宽度14 m。

干河为季节性河流,流域地势南高北低。

9.2.1.2　地形地貌

寒亭区地貌可分为两大部分:一是海拔5 m以上的南部地区,自然比降1/1 400,多系洪积冲积而成的流水地貌;二是海岸地貌,海拔5 m以下的滨海平原,为第四系全新统海退地带,地势低洼平缓,自然比降1/5 900。

寒亭区地质构造位置处于沂沭断裂带的北段,中朝准地台山东降起区级构造单元昌邑回陷之内。

9.2.2　水文气象

该流域属暖温带季风气候,雨量集中,四季分明,夏季盛行偏南风,炎热多雨,冬季多偏西北风,寒冷干燥,雨雪较少;春季干燥少雨,秋季天高气爽,多年平均气温12.3℃,极端最低气温-20.1℃,最高气温41.7℃,无霜期190~270 d。流域内多年平均降水量670 mm,多年平均径流深150 mm,雨量70%集中在6~9月,形成河道枯水期流量很小,汛期洪水量大势猛,泥沙多的特点。

9.2.3　工程地质

9.2.3.1　区域地质概况

寒亭区境内地质构造特点,受沂沭断裂带及其派生构造控制。从盖层分布特征分析,在中生代以前,与鲁西隆起区是一体的,构造运动同步;从中生代燕山构造运动起,便与鲁西隆起区分化、脱节,向断块运动发展。昌潍凹陷则是燕山构造运动和喜马拉雅构造运动时期断块运动发展的产物。从整体形态上,该区为一断陷盆地,其结晶基底为太古界泰山群变质岩系,沉积盖层主要为中、新生代陆相沉积建造。沂沭断裂带控制了区内构造的生成、发展、岩浆活动及其矿产的赋存。断裂构造除北北东向断裂外,尚有东西向、北东向和北西向断裂,将断陷盆地分成许多小块,形成更次一级的断陷盆地。随着构造变动普遍接受了中生代以来的地层沉积。

寒亭区、滨海区境内主要有太古界、元古界、古生界、中生界及新生界地层。区内大部地区被第四系覆盖,南部各时代地层均有发育;有太古界、元古界、古生界、中生界及新生界,但不同时代的地层在市内发育程度有较大差别,中、新生代地层较发育,中生代以前的地层分布零星。

(1)新生界:①第四系区内约有2/3的面积被第四系覆盖,岩性主要为中粗沙、细沙夹卵砾石等、亚砂土、亚黏土等。第四系厚度一般在15~200 m。②上第三系主要岩性以中厚层的杏仁状及气孔状橄榄玄武岩为主,厚度大于50 m,其中含膨润土矿层;红色泥岩与绿色砂岩,含砂砾岩互层;厚薄层含砾岩与泥岩互层,厚度900 m以上。③下第三系岩性以细砂岩、粉砂岩为主,夹砂质黏土,黄绿色页岩及黄白色长石砂岩,底部为紫褐色砾岩,厚度大于 400 m。

（2）中生界：①白垩系分两组：上统王氏组主要岩性为紫色砂砾岩、砂岩,偶夹浅灰色细砂岩和凝灰质砂岩;下统青山组主要岩性为 600～1 000 m 厚的青山组中酸性火山岩,包括火山碎屑岩和熔岩,是涌泉庄地区膨润土、沸石岩的主要赋矿地段。②侏罗系中、下统坊子组。境内仅分布在坊子一带,为河湖相及沼泽相含煤岩系,岩性为砂页岩,黏土岩夹煤层,下部为砾岩,上部为炭质页岩,含三层煤,厚 1～5 m。

（3）古生界：寒武系古生界地层在境内出露不全,寒武系下统毛庄组和馒头组在坊子南部出露;前者为以页岩为主的浅海相沉积,主要为紫色页岩夹薄层灰岩;后者为以碳酸岩为主的浅海相沉积,主要为灰岩、泥质灰岩夹少量暗紫色页岩等。

（4）元古界：震旦系分布在坊子南部,岩性为黄绿色、紫色钙质页岩与薄层状泥质灰岩互层。底部为长石石英砂岩或石英砾岩,厚度大于 200 m。

（5）太古界：泰山群分布在坊子南部,岩性为均质混合岩或交代式花岗岩。原岩为黑云钾长片麻岩夹斜长角闪岩、角闪石岩。

9.2.3.2　地下水特征

滨海区、寒亭区地下水类型主要为松散岩类孔隙水。自南部山前至平原中部为淡水分布区;向北至滨海平原,下部有成水体向淡水区楔入,将淡水分成浅层淡水（咸水体以上部分）与深层淡水。咸水体的顶、底界面呈喇叭形向北展布。从北部滨海平原浅部至沿海地带深部均为咸水。在部分地段赋存卤水。拟建场地沿线勘察期间勘探深度内地下水一般埋深在 1.0～2.5 m,局部地段未见地下水,个别地段由于地表积水,地下水埋深约 0.5 m。地下水位受大气降水及蒸发影响较大,年变化幅度在 1.0～5.0 m。

9.2.3.3　环境介质腐蚀性评价

勘察期间勘探深度内多未见地下水,局部地段地下水埋深在 1.00～2.50 m,个别地段由于地表积水,地下水埋深约 0.5 m。地下水位受大气降水及蒸发影响较大,年变化幅度在 1.00～5.00 m。另外,河流两侧受河水影响,地下水埋深较浅。

管道沿线地下水对混凝土结构均具弱腐蚀性;对钢筋混凝土结构中的钢筋在长期浸水条件下具弱腐蚀性,在干湿交替条件下具中-强腐蚀性;对钢结构具中腐蚀性。

9.2.3.4　场地和地基的地震效应

1. 地震动参数

拟建场地的抗震设防烈度为 7 度,设计基本地震加速度值为 $0.15g$,设计地震分组为第二组,调整后反应谱特征周期为 0.55 s。

2. 地基土地震液化评价

地基的抗震设防烈度为 7 度,拟建管道沿线局部地段饱和粉土和砂土发生轻微液化。

3. 场地类别

管道沿线的抗震设防烈度为 7 度,设计基本地震加速度值为 $0.15g$,设计地震分组为第二组。该段场地土的类型以中软土为主,结合沿线单体勘察,拟建管道沿线建筑场地类别为Ⅲ类,拟建场地属建筑抗震一般地段。

9.2.3.5 不良地质作用和地质灾害

工程穿越处地势平坦,未发现对管线有影响的滑坡、崩塌、泥石流、不稳定边坡等不良地质灾害。

9.2.4 河道治理情况

近几年,干河没有进行过系统治理。

9.2.5 现有水利工程及其他设施情况

穿越处现状河底高程 1.21 m,左岸顶高程 3.66 m,右岸顶高程 3.61 m,河道底宽 20.50 m,上口宽 38.31 m,河道现状防洪能力基本达到 5 年一遇。穿越处河道现状断面要素见表 9-1,穿越处干河上下游河道见图 9-3、图 9-4,河道现状横断面见图 9-5。

表 9-1 穿越处河道现状断面要素

河道名称	河底宽/ m	河口宽/ m	河底高程/ m	左岸顶高程/ m	右岸顶高程/ m
干河	20.50	38.31	1.21	3.66	3.61

图 9-3 穿越处干河上游河道

9.2.6 水利规划及实施安排

管道穿越干河处近期无水利规划及实施安排。

图 9-4　穿越处干河下游河道

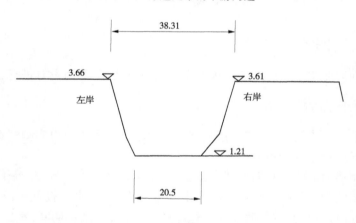

图 9-5　河道现状横断面(单位:m)

9.3　河道演变

9.3.1　河道演变概述

河道演变是指河流的边界在自然情况下或受人工建筑物干扰时所发生的变化。这种变化是水流和河床相互作用的结果。河床影响水流结构,水流促使河床变化,两者相互依存、相互制约,经常处于运动和不断发展的状态。河道水流中夹有泥沙,其中一部分是滚动和跳跃前进的推移质泥沙,另一部分是浮游在水中前进的悬移质泥沙。在一定的水流条件下,水流具有一定的挟沙能力,亦即能够通过断面下泄沙量(包括推移质和悬移质)。如上游来沙量与本河段水流挟沙能力相适应,则水流处于输沙平衡状态,河床既不冲亦不淤。如来沙量大于挟沙能力,则河床发生淤积;反之,则发生冲刷。由输沙不平衡引起的淤积或冲刷造成河床变形。

由于泥沙运动的影响,河床断面的形状是随时间而变化的。河床断面经常处于冲淤交替的过程中,断面增大则流速减小,输沙能力降低,冲刷将逐渐停止;随着断面逐渐缩小,则流速逐渐加大,输沙能力也逐渐增强,淤积亦逐渐停止,甚至由淤积转换为冲刷。因此,河床冲淤具有自动调整作用,但平衡只是相对的、暂时的,不平衡是绝对的。

河床演变有纵向变形和横向变形、单项变形和往复变形、长河段变形和短河段变形,上述各种变形现象总是错综往复地交织在一起,发生纵向变形的同时往往发生横向变形,发生单项变形的同时往往也发生往复变形,再加上各种局部变形,故河床演变过程是极其复杂的。

影响河床演变的因素是极其复杂且多样的,与该流域的地质、地貌、土壤及植被等有密切联系。其主要影响作用通常有四项:流量大小及其变化过程,流量来沙及其组成,河道比降,河床物质组成情况。河道演变是一个三维问题,因河流边界条件极其复杂多变,现阶段还不能从理论上进行求解,一般只能借助于定性的描述和逻辑推理的方法进行分析研究。

9.3.2 河道近期演变分析

干河的近期演变主要是由人工干预来实现的。近几年,干河没有进行过系统治理。

9.3.3 河道演变趋势分析

干河属季节性排涝河道,河道流量随季节变化较大。由于历史实测资料较少,本次对河道演变趋势只进行定性分析。

根据弯曲型河道的变形和演变特点,在流量小、水位低、含沙量少的情况下,水流仅沿弯曲的中部深槽流动,对河道影响不大;在中等造床流量时,水位较低,含沙量较小,边滩附近的河床存在时而成为深槽、时而成为边滩的可能性;大洪水期间,水位高、流量大、含沙量高,两侧边滩均被淹没,水流由堤防控导,较为顺直,河槽内深坑被填平,而高岗被冲走,洪水过后,河槽较平整,边滩变化较小。因此,河道未来演变主要表现为主河槽因中等洪水造床作用,河道深泓在大堤内小幅度摆动。在正常运行管理的情况下,预计未来工程位置处河道的河型及河道内堤距不会发生大的变动。今后长时间内,河床仍将在人为因素的影响下进行局部变化,不会出现大的平面位移与河底下切,而且随着治理措施的进一步完善,河道会更加稳定。

9.4 防洪评价计算

9.4.1 水文分析计算

9.4.1.1 设计洪水标准

根据《油气输送管道穿越工程设计规范》(GB 50423—2013),该穿越工程等级为小型,设计洪水频率为 50 年一遇。

干河为排涝河道,没有防洪任务,除涝标准为 5 年一遇。

因此,需要计算工程穿越断面处 5 年一遇、50 年一遇的设计洪水。

9.4.1.2　设计洪水推求

干河总流域面积 60.1 km²,工程穿越断面以上流域面积 55 km²。根据山东省水利厅印发的《指导意见》,本次评价依据暴雨资料推算设计洪水。

1. 设计暴雨计算

干河流域面积较小,产汇流时间较短,因此本次计算中设计雨期确定为 24 h。

设计暴雨采用潍坊市寒亭站 1964~2019 年历年最大 24 h 降雨量,采用 P-Ⅲ型曲线进行频率分析。24 h 最大点暴雨均值为 80.81 mm,$C_v = 0.43$,$C_s = 3.5C_v$,流域暴雨点面换算系数为 0.98,多年平均 24 h 面雨量为 79.19 mm。查 P-Ⅲ型曲线模比系数 K_p 表,得各设计频率的 K_p 值,求得相应设计频率面暴雨量。管道工程穿越干河处以上流域 5 年一遇、50 年一遇的流域最大 24 h 暴雨设计面雨量见表 9-2。

表 9-2　穿越断面以上设计面雨量成果

流域	设计雨期/h	面雨量均值/mm	C_v	C_s/C_v	设计面雨量/mm	
					20%	2%
穿越断面以上流域	24	79.19	0.43	3.5	102.68	172.67

2. 设计净雨计算及时程分配

产流计算即设计净雨量计算,采用降雨径流相关法,根据《指导意见》,工程穿越处流域地处泰沂山北区一般地区,采用降雨径流关系 14 号线,前期影响雨量(P_a)第一天取 50 mm,第二、三天用计算值,分别求得 5 年一遇、50 年一遇不同时段的设计净雨量。

各单元设计净雨时程,根据《指导意见》中"泰沂山北区 1 小时设计雨型"进行分配。

3. 汇流计算

采用瞬时单位线进行汇流演算,推求管道穿越处设计洪水过程线。汇流计算采用《山东省水文图集》中平原区瞬时单位线综合公式:

$$M_1 = 0.59F^{0.52} \tag{9-1}$$

式中　M_1——瞬时单位线参数;

　　　F——流域面积,55 km²。

根据流域设计净雨和瞬时单位线进行汇流演算,即可求得工程穿越处设计洪水过程线,其中基流按每 100 km² 加 1.0 m³/s 计算。经计算,穿越处 5 年一遇、50 年一遇设计洪水洪峰流量分别为 42.3 m³/s、123.4 m³/s。

管道穿越干河处设计洪水成果见表 9-3。

表 9-3 管道穿越干河处设计洪水成果

河流名称	设计断面流域面积/km²	设计频率	洪峰流量/（m³/s）
干河	55.0	$P=20\%$	42.3
		$P=2\%$	123.4

9.4.1.3 设计洪水位分析

工程穿越处的设计洪水位采用天然河道水面线法进行推求，根据 5 年一遇、50 年一遇洪峰流量，求得工程穿越处现状河道断面 5 年一遇、50 年一遇设计洪水位为 3.62 m、3.81 m。管道工程穿越干河处设计洪水位成果见表 9-4。

表 9-4 管道穿越干河处设计洪水位成果

断面	20%		2%	
	设计流量/（m³/s）	设计洪水位/m	设计流量/（m³/s）	设计洪水位/m
现状断面	42.3	3.62	123.4(48.6)	3.81

注：括号内为实际过流流量，括号外为设计流量。

9.4.2 冲刷、淤积分析

9.4.2.1 冲刷计算

根据管道设计单位提供的地质资料，管道穿越处河床表层为粉砂，按《公路工程水文勘测设计规范》（JTG C30—2015）中非黏性土冲刷深度计算公式进行计算。管道穿越处干河现状断面河槽部分一般冲刷计算成果见表 9-5。

表 9-5 穿越处干河现状断面河槽冲刷计算成果

频率	河槽通过的设计流量	河槽最大水深	河槽平均水深	河槽部分桥孔过水净宽	河槽土平均粒径	平均流速	河槽一般冲刷后最大水深	河槽一般冲刷深	河槽冲刷线高程
P	$Q_2/$（m³/s）	h_{cm}/m	h_{cq}/m	B_{cj}/m	$\bar{d}/$mm	$v/$（m/s）	h_p/m	/m	/m
20%	42.30	2.41	1.85	38.31	0.10	0.60	3.09	0.68	0.53
2%	48.60	2.60	1.97	38.31	0.10	0.62	3.40	0.80	0.41

9.4.2.2 淤积分析

根据调查及地质资料分析,汛期排涝时河道流量较大,平时河道流量较小,一年中汛期大流量时间少于小流量时间,上游来水量小时河道淤积,但每经一场洪水后,表层淤土被冲刷,河道基本上长期处于冲淤平衡状态。

9.4.3 渗流及堤防边坡稳定分析

穿越位置两岸无堤防。

9.5 防洪综合评价

9.5.1 项目建设与现有水利规划的关系及影响分析

工程穿越干河处近期无治理规划,现状排涝标准为5年一遇。

挖沟法穿越河道水平长度116.45 m,河道上口宽38.52 m(沿管道方向斜长),管道穿越长度远大于河口宽度,管顶距河底最小埋深为3.08 m,基本不影响河道下一步水利规划的实施。

9.5.2 项目建设与现有防洪标准、有关技术和管理要求的适应性分析

9.5.2.1 设防标准分析

根据设计资料,输油管道穿越工程等级为小型,管道设防标准为50年一遇,该段河道现状除涝标准为5年一遇,管道设防标准与河道防洪标准相适应。

9.5.2.2 管线布置分析

根据《涉水建设项目防洪与输水影响评价技术规范》6.3.1规定,管道应尽量缩短穿越长度,宜与水流流向垂直。若因条件限制确实难以实现的,管道与水流流向夹角不宜小于60°。穿越处管道与河流中心线方向夹角96°,符合规范要求。

9.5.2.3 穿越长度分析

根据《涉水建设项目防洪与输水影响评价技术规范》6.4.3规定,采用挖沟敷埋施工方式时,不应在堤防等重要工程设施管理范围内设置弯管和固定墩。

根据《山东省河湖管理范围和水利工程管理与保护范围划界确权工作技术指南(试行)》(山东省水利厅,2017),平原地区无堤防县级以上河道的管理范围为两岸之间水域、沙洲、滩地(包括可耕地)、行洪区以及护岸迎水侧顶部向陆域延伸部分不少于5 m的区域;其中重要的行洪排涝河道,护岸迎水侧顶部向陆域延伸部分不少于7 m。平原地区无堤防乡级河道的管理范围为两岸之间水域、沙洲、滩地(包括可耕地)、行洪区以及护岸迎水侧顶部向陆域延伸部分不少于2 m的区域。干河目前尚无系统的水利规划,穿越处两岸无堤防,河道管理范围为两岸河口线向陆域延伸5 m。

根据工程穿越设计资料,管线穿越长度为116.45 m,河道上口宽38.52 m(沿管道方向斜长),管道穿越长度远大于河口宽度。管道无转弯点在干河管理范围内,未在河道管

理范围内设置弯管和固定墩,穿越工程符合规范要求。

9.5.2.4 穿越埋深分析

根据《涉水建设项目防洪与输水影响评价技术规范》6.5.1 规定,管道顶高程宜低于相应设计洪(输)水冲刷线以下 1.5 m,且须满足输油(化工液体)、输气(蒸汽)、输水管道设计规范的埋深要求。除排气孔(井)外,不应设置高于地面工程设施;建设项目穿越水利工程,应在相应位置设置永久性的识别和警示标志,并设置必要的安全监测设施。

50 年一遇防洪标准下,穿越处的管顶埋深见表 9-6。

表 9-6　50 年一遇冲刷深度及管顶埋深

断面	项目	底部高程/m	冲刷线高程/m	管顶高程/m	管顶在河床以下埋深/m	管顶在冲刷线以下埋深/m
现状	河槽	1.21	0.41	-1.87	3.08	2.28

由表 9-6 可知,管道在现状断面河道内埋设深度符合《涉水建设项目防洪与输水影响评价技术规范》6.5.1 的规定,且管道设计设置了永久性的识别和警示标志,因此管道穿越埋深符合规范要求。

9.5.3　项目建设对河道行洪的影响分析

9.5.3.1 施工期

根据施工组织设计,穿越工程施工期安排在非汛期,导流采用导流明渠加围堰的施工方案。施工结束后,恢复河道原貌,管沟回填采用黏土等不透水材料,以免对行洪造成影响。

因此,管道施工期对河道行洪影响不大。

9.5.3.2 运行期

根据设计资料,输油管道采用挖沟敷埋方式穿越,开挖断面回填土与原断面搭接部位存在安全隐患,项目建设对河道行洪安全有一定不利影响。

9.5.4　项目建设对河势稳定的影响分析

管道采用挖沟敷埋方式穿越河道,在现状条件下对水流的流态和流势无影响,不会改变河道的自然演变。

因此,项目建设对河势稳定无影响。

9.5.5　项目建设对现有堤防、护岸及其他水利工程与设施影响分析

9.5.5.1 对堤防的影响分析

穿越处河道现状无堤防。

9.5.5.2 对护岸工程的影响分析

穿越处河道两岸无护岸工程。

9.5.5.3 对其他水利工程与设施的影响分析

穿越处上下游无其他水利工程与设施。

9.5.6 项目建设对防汛抢险的影响分析

本工程采用开挖敷设方式穿越干河,管道埋设在河床以下,项目计划在非汛期施工,项目建成前与建成后均不影响汛期防洪抢险队伍、物资的运输,对防汛抢险基本无影响。

9.5.7 建设项目防御洪涝的设防标准与措施是否适当

9.5.7.1 设计洪水频率分析

根据《油气输送管道穿越工程水域开挖穿越设计规范》(SY/T 7366—2017)和《油气输送管道穿越工程设计规范》(GB 50423—2013),干河穿越为小型穿越,设计洪水频率为50年一遇。

根据设计单位提供资料,管道设计洪水频率为50年一遇,符合规范要求。

9.5.7.2 设计埋深分析

根据《油气输送管道穿越工程设计规范》(GB 50423—2013)规定,有冲刷或疏浚的小型水域,应在设计洪水冲刷线下或设计疏浚线以下1.0 m。

根据冲刷计算结果,管顶距最大设计洪水冲刷线2.28 m,满足规范要求。

因此,建设项目防御洪涝的设防标准与措施适当。

9.5.8 项目建设对第三人合法水事权益的影响分析

对第三人合法水事权益的影响分析主要包括对航运、取水、排涝、码头等的影响分析。

工程穿越处无航运、码头、取水口等设施。因此,项目建设对第三人合法水事权益基本无影响。

9.6 工程影响防治与补救工程设计

为减轻挖沟法施工后水流对回填土岸坡的冲刷,保证河道的行洪安全和输油管道的运输安全,对穿越断面附近范围的迎水坡进行护砌。根据《评价技术规范》,本次护砌范围为开挖上口至外侧各15 m(不含开挖上口)。

护坡采用M10浆砌块石,厚度30 cm,下设10 cm厚中粗砂层、300 g/m² 土工布,坡面平整并夯实(压实度>0.90)。护坡顶设置C30素混凝土压顶,尺寸为100 cm×30 cm(宽度×高度)。护坡底部设M15浆砌石齿墙,齿墙底部埋深为设计洪水冲刷线以下0.2 m。护坡设置排水孔,排水孔采用ϕ75×2.3PVC管,间距2 m,梅花形布置。为适应地基沉陷和温度变形的要求,护坡每隔15 m设一道伸缩缝,缝宽2 cm,缝内填塞闭孔泡沫板。河道岸坡防护设计见图9-6,防治与补救措施工程量及估算投资见表9-7。

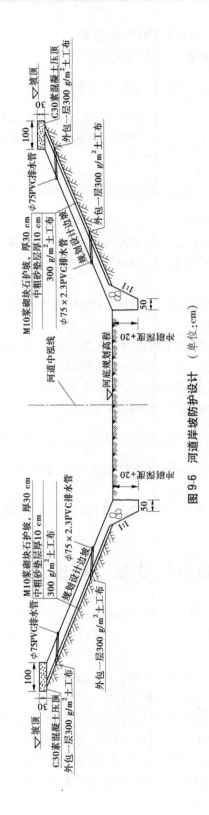

图 9-6　河道岸坡防护设计　（单位：cm）

表 9-7 防治与补救措施工程量及估算投资

项目名称	单位	工程量	单价/元	合价/元
1.0 m³ 挖掘机挖一般土（Ⅰ、Ⅱ类土）	m³	136.49	14.31	1 953.14
土石料回填土料夯填	m³	81.89	9.78	800.91
边坡整平(55 kW 推土机推Ⅰ、Ⅱ类土≤20 m)	m³	308.32	4.58	1 412.09
边坡压实(履带拖拉机压实砂砾料)	m³	308.32	5.33	1 643.33
M10 浆砌块石护坡平面	m³	184.99	666.79	123 349.78
M10 浆砌块石齿墙	m³	54.60	653.78	35 693.25
ϕ 75×2.3PVC 排水管	m	42.24	21.55	910.27
土工布	m²	682.63	25.10	17 134.13
粗砂垫层	m³	61.66	315.15	19 433.25
C30 素混凝土压顶	m³	19.80	833.51	16 503.50
普通标准钢模板一般部位	m²	39.6	94.26	3 732.70
合计				222 566.35

9.7 结论与建议

9.7.1 结论

根据前面分析、计算、防洪综合评价等,得出评价结论如下:

(1)工程设计满足河道现状要求,对现有水利规划的实施基本没有影响。

(2)工程的设洪标准高于河道防洪标准要求,与河道防洪标准是相适应的。

(3)输油管道采用挖沟法穿越干河,开挖断面回填土与原断面搭接部位存在安全隐患,采取防治补救工程措施后,项目建设对河道行洪安全影响较小。

(4)根据冲刷计算结果,管顶最小埋深位于设计洪水最大冲刷线以下 2.28 m,满足管道埋深要求;输油管道不占用河道行洪断面,对水流的流态和流势无影响,不会改变河道的自然演变,项目建设对河势稳定无影响。

(5)河道现状无堤防和护岸,项目建设对现有堤防、护岸及其他水利工程与设施基本无影响。

(6)项目计划在非汛期施工,项目建设对防汛抢险基本无影响。

(7)建设项目防御洪涝的设防标准及工程措施基本合适。

(8)建设项目穿越干河处不涉及第三人合法水事权益问题。

9.7.2　建议

（1）输油管道采用挖沟法穿越干河，工程施工结束后应恢复河道原有断面。穿越段管顶以上 1.5 m 范围内的管沟采用黏土回填，分层铺土、分层压实，每层厚度不大于 30 cm，其余部分采用原状土回填、压实，压实度不低于 0.95。注意开挖河段岸坡与两侧原有岸坡的连接质量，开挖、回填均应按台阶状施工，回填坡度不小于 1:3。

（2）光缆（硅芯管）与输油管道同沟同底敷设，输油管道的管沟开挖、铺垫及回填细土、管沟回填等工作量均主要由输油管道线路专业完成。输油管道下沟后，由通信工程施工承包商负责在输油管道沟壁一侧（距输油管道外壁水平间距 ≥ 30 cm）清理出光缆沟槽，并铺垫 15 cm 细土或细沙后敷设光缆管、光缆，然后继续用细土回填管沟 30 cm，最后由输油管道施工统一用原状土整体回填管沟，埋深保证光缆敷设在冻土层以下。

（3）为保证河道的行洪安全和输油管道的运输安全，建议对采用挖沟法穿越干河段进行护岸防护，范围为开挖影响范围向两侧各延伸 15 m，护岸基础埋深应满足平顺护岸冲刷深度要求。

（4）为保证管道的正常运行与安全，建议对管道两侧河道上、下游一定范围内进行保护。若在此范围内修建码头、抛锚、挖沙、筑坝、进行水下爆破或其他可能危及管道安全的水下作业，应双方协商解决。

（5）为了不影响河道的正常运用以及本工程的施工安全，项目开工前，建设单位应将穿越工程施工组织设计报请水利主管部门同意；工程竣工验收前，防汛部门应会同河道主管部门，对工程竣工清理进行检查验收。

（6）项目建成后，应在穿越工程一定范围内设置永久性的识别和警示标志，并设置必要的安全监督设施，确保河道行洪安全，并避免造成河道污染事故。工程运行一旦发生安全事故，应及时关闭上游的线路截断阀门。

第10章

定向钻穿越河道专项论证报告

10.1　项目简介

10.1.1　项目背景

　　页岩油开采技术突破、美国原油出口政策调整、美元升值以及地缘政治影响,极大地打压了原油价格上涨空间,这将大幅度降低山东地炼企业原料成本,促进山东地炼发展。同时,针对国际油价长期走低情况,国家鼓励原油进口,不断提高地炼企业的进口配额,山东省的地炼企业亦是其中的受益者。为了加快全省的油气输送设施建设,山东省政府编制下发了《山东省油气输送设施规划建设方案(2016—2020年)》,支持、鼓励山东企业进行油气输送设施(含码头、仓储及管线)的建设,采取积极措施放开地炼企业原油进口权与使用权,利用国际低油价机会大量储备、加工原油。

　　烟台港西港区—淄博输油管道一期工程已于2016年12月初投产,设计年输量1 400万t,主要服务炼厂包括华星石化、正和石化、京博石化、金诚石化等。目前,既有客户实际的管输需求量已超过1 400万t的设计能力,且最大客户中国化工提出要有专用管道。为此,烟台港原油管道复线工程的建设提上日程。

10.1.2　项目概况

　　烟台港原油管道复线工程包括1条干线和1条龙口注入支线,管道为保温管道。

　　干线起点为烟台首站,终点为东营输油站。管道全长约324 km,管道设计输量2 000万t/a;干线设置6座站场、12座监控阀室。管径为DN700,设计压力为8.0 MPa。沿线途经烟台、潍坊2个市,烟台开发区、蓬莱市、龙口市、招远市、莱州市、潍坊昌邑市、滨海区、寒亭区、寿光市 9 个县(区),沿线地形为平原、丘陵、山地。干线管道与一期管道长距离并行,并行长度约 160 km。

龙口注入支线的起点为龙口港区首站,终点为龙口输油站。管道线路总长 51 km,管道设计输量为 2 000 万 t/a,沿线设监控阀室 1 座。管径为 DN700,设计压力为 8.0 MPa。龙口支线全线在烟台市龙口市境内,地形为平原。

工程线路总体走向见图 10-1。

图 10-1   工程线路总体走向

10.1.3   项目建设的必要性

烟台港原油管道复线工程为《山东省石油天然气中长期发展规划(2016—2030 年)》"十进三出七连"原油输配网络中的"十进"项目,是《山东省新旧动能转换重大工程实施规划》中能源和水利基础设施重点建设内容。

烟台港原油管道复线工程项目于 2020 年 5 月 27 日由山东省发展和改革委员会经《山东省发展和改革委员会关于烟台港原油管道复线工程项目核准的批复》(鲁发改政务〔2020〕68 号)文件批复实施,是山东省重点项目。

该项目由山东港源管道物流有限公司筹资建设,项目前期核准阶段,先后完成县(区)、市、省三级相关规划选址及用地预审工作,管道路由及相关大型穿越点位置已取得各级规划部门意见。目前,已完成环境评价、安全评价、地灾评价、地震评价等相关评价;潍河大堤两岸设置的干线 8#、9# 阀室永久用地已完成土地利用规划调整工作;潍河西岸管道路由沿线已完成相关临时征地手续办理,现场已完成清点补偿及施工清表工作,穿越潍河处方案目前确实难以调整。

10.2　工程穿越情况

10.2.1　工程线路方案比选

根据规划的潍河岸线保护区范围,对潍河穿越方案进行 3 个方案比选,分别为中线穿越方案(穿越规划岸线保护区)、北线穿越方案(北侧绕避规划岸线保护区)、南线穿越方案(南侧绕避规划岸线保护区)。线路方案比选示意图如图 10-2 所示。

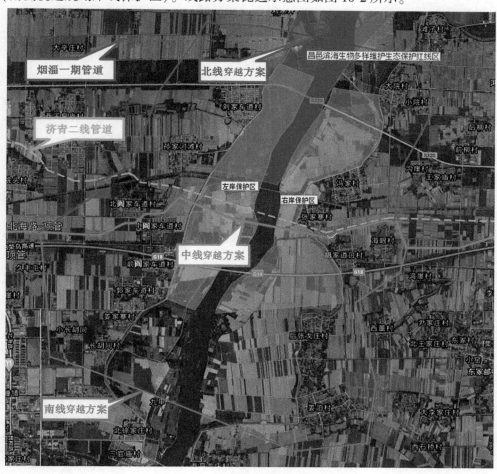

图 10-2　线路方案比选示意图

10.2.1.1　中线穿越方案

管道穿越潍河位置位于大莱龙铁路南侧、G18 荣乌高速北侧,从潍河岸线保护区中间穿过。管道从海眼村北侧开始并行已建济青二线天然气管道敷设,向西进入胡家道口村与张家寨村中间的干线 8#阀室,管道出阀室后继续向西定向钻穿越潍河及两侧大堤后至潍河西岸,从北阎家车道村与中阎家车道村中间穿过进入 9#阀室。线路总长约 5.3 km。

潍河穿越位置左岸位于中阎车道村东北,右岸位于张家寨村南,穿越长度 2.1 km,穿越工程等级为大型,入土点选择在潍河东岸张家寨村南侧,临近乡村道路,周边为大片农田,场地空旷,设备进场、安装布置较为方便。出土点选择在中阎家车道村东北,出土点后侧为大片农田,满足管道预制、回拖的要求。

10.2.1.2 北线穿越方案

管道穿越潍河位置位于省道 S320 北侧,从潍河岸线保护区北侧绕避,穿越昌邑滨海生物多样维护生态保护红线区。管道从海眼村北侧向北穿过大莱龙铁路、省道 S320、冯家村东、沟崖村西、小院村东、大院村北至烟淄一期管道,后并行烟淄一期管道向西穿越潍河及两岸(昌邑滨海生物多样维护生态保护红线区)后,折向南,回穿省道 S320 及大莱龙铁路,先后经张家车道村西、孙家河滩村西、北闫家车道村西后敷设至原路由。线路总长约 9.6 km。

潍河穿越位置左岸位于刘家井村,右岸位于滩子村,位于岸线保护区范围北侧,与岸线保护区最小距离 500 m。

潍河穿越长度 2.4 km,穿越工程等级为大型,入土点选择在潍河东岸滩子村南侧,临近乡村道路,周边为大片农田,场地空旷,设备进场、安装布置较为方便。出土点选择在西侧刘家井村南侧,出土点后侧为大片农田,满足管道预制、回拖的要求。

10.2.1.3 南线穿越方案

管道穿越潍河位置位于 G18 荣乌高速南侧,从潍河岸线保护区南侧绕避。管道从海眼村东侧向南穿过 G18 荣乌高速后继续向南先后经湾崖村东、西董村西、后张戈庄村东后敷设姜泊村东南,后折向西在西高戈庄村北侧、北徐家庄村北侧穿越弥河后折向北,经长胡同村南、小长胡同村西、久丰屯村东,回穿 G18 荣乌高速后敷设至原路由。线路总长约 10.0 km。

潍河穿越位置左岸位于长胡同村南侧,右岸位于韩家桥村北侧,位于岸线保护区范围南侧,与岸线保护区最小距离 1.35 km。

潍河穿越长度 2.4 km,穿越工程等级为大型,入土点选择在潍河左岸长胡同村南侧,临近乡村道路,周边为大片农田,场地空旷,设备进场、安装布置较为方便,出土点选择在右岸韩家桥村北侧,出土点后侧为大片农田,满足管道预制、回拖的要求。

10.2.1.4 方案比选及推荐

1. 优缺点比选

上述三个方案优缺点对比见表 10-1。

综合周边生态红线保护区、相关规划等情况,并考虑管道及周边安全、工程投资等因素,确定采用中线穿越方案。

10.2.2 工程建设方案

10.2.2.1 建设位置

烟台港原油管道复线工程于河道中泓桩号 61+800 处(以峡山水库溢洪道为 0+000)穿越潍河,左岸穿越点位于潍坊市昌邑市柳疃镇中阎车道村东北 300 m,右岸穿越点位于潍坊市昌邑市下营镇张家寨村南 150 m,北距荣乌高速 850 m,南距大莱龙铁路 500 m。工程穿越位置及河势分别见图 10-3、图 10-4。

表 10-1　比选方案优缺点对比

项目	中线穿越方案	北线穿越方案	南线穿越方案
长度/km	5.3	9.6	10.0
优点	1. 为规划指定路由,穿越并行已建济青二线天然气管道工程敷设,对当地规划影响较小; 2. 从岸线保护区中间较窄处定向钻穿越,对岸线保护区影响较小; 3. 路由长度较短,施工周期相对较短,投资较低; 4. 管道沿线所经村庄较其他两方案稀疏,较安全; 5. 管道路由已经环境评价、安全评价等各项论证,路由可行	绕避规划的岸线保护区范围	绕避规划的岸线保护区范围
缺点	管道穿越岸线保护区范围	1. 不符合当地规划及预审阶段规划批复路由。 2. 横穿昌邑滨海生物多样维护生态保护红线区,未经省自然资源厅对于基础设施项目穿越生态保护红线区不可避让性论证。 3. 离周边村庄较近,增加沿线人员密集型高后果区,存在安全隐患。 4. 长度较长,投资较高。 5. 未经其他评价论证,路由可行性未知	1. 不符合预审阶段规划批复路由。 2. 管道在潍河西岸经过柳疃镇规划区范围,与当地规划不符。 3. 离周边村庄较近,增加沿线人员密集型高后果区,存在安全隐患。 4. 长度较长,投资较高。 5. 未经其他评价论证,路由可行性未知

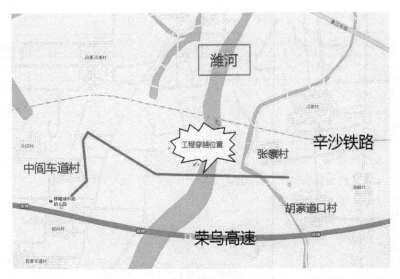

图 10-3　管道穿越处潍河位置

10.2.2.2　建设规模与防洪标准

根据设计资料,该穿越工程等级为大型,设计洪水频率为 100 年一遇。

10.2.2.3　穿越方案

工程采用定向钻一次穿越潍河,定向钻出、入土点水平长度 2 118.1 m,穿越实长 2 121.47 m,管道与主河槽水流方向夹角为 82°。

穿越位置场地两侧空旷平坦,均为农田。潍河东大堤东侧场地平坦、开阔,有乡村道路可到达穿越点位置,钻机容易进场,可作为钻机场地,满足钻机、操控室、钻杆、泥浆泵、泥浆池的布设以及施工操作的要求,满足定向钻入钻场地需求,选择东岸作为定向钻穿越入土点;潍河西大堤西侧地形平坦、开阔,有简易土路通至现场,场地满足管道焊接组装及整体回拖的要求,选择西岸为出土点。

穿越管段的出、入土角根据穿越地形、地质条件和穿越管径的大小确定,管线定向钻入土角定为 8°,出土角定为 7°,穿越管段的曲率半径为 1 500D(D 为钢管外径),采用对穿工艺。光缆套管与主管线穿越曲线相同,并行间距 10 m。

根据岩土工程勘察报告,穿越地层岩性主要为素填土、粉土、粉砂、粉质黏土、细砂层。根据穿越管径和出入土角、曲率半径及地质情况的要求,穿越管线从入土侧弹性敷设到水平段,管道水平段管底标高为 -24.0 m(管底最小埋深 22.0 m),管道穿越潍河底部管顶最小埋深 21.20 m。

定向钻上游距河道中心线 1.0 km 处设置 8# 阀室,下游距河道中心线 2.1 km 处设置 9# 阀室,突发情况下可有效避免渠道污染事故的发生。

穿越两端设警示牌各 1 个,潍河主河道两侧设警示牌、穿河桩各 1 个,大堤两侧设警示牌、穿河桩、穿路桩各 1 个。

管道规格为 Φ711×14.2 L450M SAWL PSL2,防腐方式为普通级高温型三层 PE+保温层+高密度聚乙烯层+环氧玻璃钢外护层。光缆套管规格为 Φ114×8 镀锌钢管。

工程穿越方案示意图见图 10-5。

图 10-4　管道穿越处淮河河势

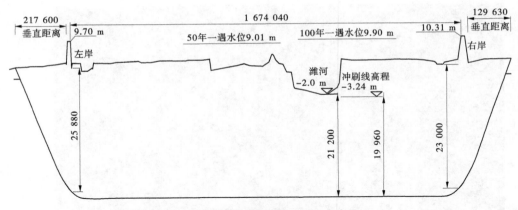

图 10-5　工程穿越方案示意图　（尺寸单位：mm）

10.2.3　工程施工方案

10.2.3.1　施工流程

施工流程见图 10-6。

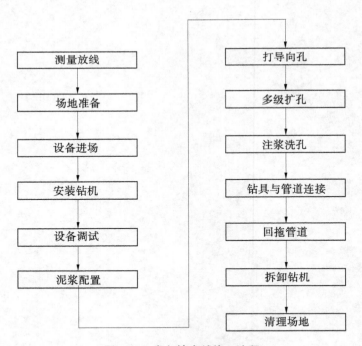

图 10-6　定向钻穿越施工流程

10.2.3.2　水平定向钻穿越施工流程

测量放线→钻机进场→安装校验→钻导向孔→预扩孔→穿越管道发送准备→管道与钻具连接→洗孔、回拖管线→拆卸钻机→恢复地貌。

10.2.3.3　水平定向钻穿越深度确定

为保证穿越精度,严格按照施工图纸设计要求,提前编制导向孔钻进曲线控制计划,对每一钻杆的钻进角度和深度进行细化分解,在施工中对每一钻杆的实际钻进角度和深度进行认真、精确探测,并适时与导向孔钻进控制计划相对照,如发现误差及时进行调整,确保管道位置、高程符合设计要求。

10.2.3.4　出入土点锚固体安装

根据施工平面图测量管道穿越中心线,确定锚固体位置后,开挖一长 4 m、宽 2 m、深 1.6 m 的锚固坑,将锚固体四周填埋牢固,并在锚固体顶部焊接千斤顶,钻机就位后支在钻机滑道上,使滑道、千斤顶与地锚形成多个稳固的三角形,以防钻机侧翻,增强地锚的稳固性。

将钻机平台与锚固体连接,钻机 4 条支腿下利用钢结构平台垫平,通过调整 4 条支腿,使主机平台和水平面的夹角与入土角一致,角度为 90°。在安装钻机时,依据设计图纸给出的穿越管线轴线,采用全站仪测定出钻机的纵轴线。钻机就位后须进行轴线复测,若钻机纵轴线与穿越轴线存在偏差,须精确测出两轴线间的夹角值,计算出水平漂移量,并记录下来,便于在钻进过程中修正穿越轨迹。

将泥浆罐、泥浆泵等按平面布置图就位、组装连接,并在入(出)土点沿管线轴线方向前 5 m 处开挖一条长 5 m、宽 3 m、深 2 m 的泥浆回收渠,回收渠与出土点泥浆池相通,以保证泥浆及时回收,不污染环境,重复利用。

10.2.3.5　钻导向孔前控向系统调校

(1)在穿越前,对穿越区进行磁场测量,如该地区磁场干扰较强,应建立布控磁场,确保穿越过程中计算机显示数据的准确性。对控向探测装置进行消磁及校验,以保证探头的准确性。测量人员对定向穿越轴线进行复测,以减小测量误差。

(2)认真分析设计图纸,测量入、出土点长度和地面高程。在坐标纸上沿穿越设计曲线标明每根钻杆的位置和折角,便于控向操作,从而保证穿越过程中实际曲线与设计曲线一致。

(3)复测穿越轴线,对入、出土点的位置、标高及水平距离进行校验;精确测定轴线方位角,调校控向系统;安装传感器、无磁钻铤、连接钻头、造斜短节,检测控向信号是否正常;供给泥浆,检测钻头水嘴是否正常工作。

10.2.3.6　钻导向孔阶段的控制方案

1. 钻具连接

钻具连接步骤:动力头→动力头保护短节→钻杆→无磁钻铤→泥浆马达→造斜短节→镶齿合金岩石钻头。

施工前进行地质条件分析,根据设计曲线,计算每根钻杆的设计位置,并在坐标图纸上绘制钻杆设计位置图,图中注明地质情况。在钻进过程中,根据钻进位置的地层情况对泥浆配比进行调配,保证泥浆技术参数满足穿越施工要求,防止地层的变化影响钻进方位角的调整。接线员把信号线接好后,安装相应钻具,听从起重人员指挥,钻机动力头正向自由转至满扣为止,然后用钻机夹钳夹紧钻具头部,拧紧丝扣。钻具接好后开通泥浆,根据地质情况调节泥浆压力。

2. 工具面的调整

（1）钻机动力头带动钻杆向后退，同时正向旋转，调整工具面至水平，继续钻进。

（2）钻杆推进的推力如过大，钻杆易顶弯。

（3）在导向孔的钻进过程中，严格监控每根钻杆的倾角、位置、地球引力矢量等数据，利用地面监控系统，监测钻头位置。如出现钻头偏离设计曲线或水平漂移过大的现象，应及时抽回钻具，重新进行调整，保证穿越曲线在正常范围之内，以避免穿越实际轨迹偏移设计曲线过大。

（4）钻进过程中，针对控向系统反馈回来的磁倾角、磁偏角、地球引力矢量等钻进参数，进行认真分析，若发现钻进参数与设计参数出现偏差，及时调整、修正。在钻进过程中，如角度增大、偏高，应立即停止钻进，并向后退至适当的位置，重新调整工具面，继续钻进。

（5）钻头出土后，立即停止供给泥浆，以防泥浆外泄，污染环境。

10.2.3.7 扩孔阶段的控制方案

按照"动力头→动力头保护短节→钻杆→岩石切割刀→扶正器→钻杆"的顺序进行钻具连接，接好后开通泥浆、测试泥浆压力、观察水嘴喷泥浆状况，如发现有堵塞的水眼，用铁丝捅开，反复检查，直至泥浆系统畅通且泥浆压力达到要求后，进行预扩。

扩孔阶段，在确保施工安全的情况下，适当降低泥浆黏度以提高扩孔速度，同时为了提高泥浆一定的动切力和良好的流动性、挟带能力、降低失水，选用羧甲基纤维素（CMC）为泥浆添加剂。95%~94%水+4%~6%膨润土+0.3%~0.5%CMC。

扩孔施工完成后，视扭矩大小采用洗孔作业施工。

10.2.3.8 管线回拖阶段的控制方案

（1）预制的定向钻防腐钢管工序完毕后，将穿入的一头焊接上拖拉头，拖拉头为满焊，用卸扣连接到动力头，再连接到钻杆上，预制管的另一头用盲板焊接封堵严密，进行防腐管回拖作业。

（2）管线回拖时按以下顺序连接钻具：动力头→动力头保护短节→钻杆→岩石切割刀→旋转接头→U形环→拖拉头→管线。

（3）正式回拖前应使用电火花检漏仪，按设计要求的检漏电压全面检查防腐层有无损伤，如有损伤及时修补。

（4）管线回拖前再次对设备进行检查、维护，确保系统工作状况、输出参数处于良好的技术状态；检查切割刀、扩孔器的水嘴、喷孔，确保通畅。

（5）管线回拖前，首先开通泥浆（泥浆压力按预扩孔施工要求执行），回拖速度控制在1~2 m/min，同时密切注视拖拉力、扭矩、泥浆压力的变化情况，随时调整。

（6）回拖完一根钻杆后，需听从起重人员指挥，将钻杆母扣拖至下夹钳位置后，继续回拖一段距离，再向前推至卸扣位置，拆卸钻杆。

（7）回拖时尽量缩短准备时间，迅速连接钻具，进而缩短管线在孔内的停滞时间，防止因停留时间过长而引起泥浆性能的改变，粘着、卡钻等不良情况的发生。

（8）回拖过程中，如需中途停止回拖，需控制管线向前走一段距离，方能停止回拖，不允许立即停止。

（9）为保证管线能够正常入洞，可在发送沟前端用 2 台吊管机将管线提起，使管道入洞角度与出土角度一致，减小管线的回拖阻力。

（10）管线回拖施工应连续进行，回拖速度不超过 2 m/min；精心调配泥浆，保证其具有良好的比重、黏度和润滑性，使管线在回拖过程中始终处于悬浮状态，减小回拖阻力。

（11）管线出土后，听从起重人员指挥，卸掉所有钻具，回拖结束。

10.2.3.9　泥浆的处理措施

采用最先进泥浆处理设备进行泥浆处理工作，对环境保护有高标准，达到环保部门的要求，并在长输管道工程施工中得到业主、监理及环保部门认可。

1. 泥浆回收处理再利用

泥浆回收处理再利用措施是泥浆处理的主要措施，也是降低施工成本的主要措施。

（1）在出土点附近开挖并用混凝土浇筑一个沉沙池，使从地下返出的废泥浆流入沉沙池，使泥浆的钻屑自然沉淀。出土点的泥浆要使用密封好的罐车运输至施工现场使用。

（2）在入土点附近挖 2 个沉沙池并用混凝土浇筑且用彩条布进行隔离，使从地下返出的废泥浆流入一个沉沙池，使泥浆中的钻屑进行自然沉淀。在钻机入土点沉沙池下污水泵，然后连续接水龙带，泥浆经过振动筛后过滤部分泥浆中的钻屑，过滤后的泥浆流入另一个沉沙池。然后同样在另一个沉沙池下污水泵，连续接水龙带，在配浆边上放置振动筛进行同样净化处理。最后在泥浆罐出浆口设置滤网再次净化泥浆中的残留钻屑。废泥浆经过回收系统的三级处理即可满足再利用要求，可以减少对环境的污染，同时达到降低成本的目的。

2. 泥浆外运、掩埋

为了保护环境，施工剩余泥浆经过处理拉运到当地环保部门指定位置进行填埋，外运时要使用密封好的罐车运输，防止运输过程中泥浆洒落到路途上。剩余无法拉运的泥浆，采用环保无毒的泥浆固化添加剂进行固化处理后，再对泥浆 pH 进行测量，达到环保部门要求后进行掩埋。

10.2.3.10　防冒浆技术措施

1. 钻导向孔阶段

导向孔钻进阶段是管线穿越的关键，因为管线穿越孔还没有钻通，因此在导向孔钻进的过程中，穿越泥浆是在盲孔中向入土点返出，如果入土点前端孔堵塞，则有可能在穿越沿线冒出泥浆，因此在管线导向孔的前 100 m，将采取比较大的泥浆量，泥浆的流量较大便于挟带出破碎的泥土，使孔始终是通路。在导向孔的后半段，泥浆压力要减小，因为穿越距离长时泥浆很难再从入土点孔洞内返出。

2. 扩孔阶段

开始扩孔的前半段，要采取比较大的泥浆量，利用泥浆的流动把孔内的泥土带到出土点。在扩孔中段，泥浆量要减小，因为距离出土点与入土点都比较远，泥浆从这两点返出需要的压力较大，如果采取大的泥浆压力可能从沿线冒出泥浆。在回扩到距离入土点较近时，泥浆排量再次加大，泥浆将从入土点孔洞返出。

3. 回拖阶段

在管线回拖阶段，因为整个穿越孔内充满了泥浆，因此在回拖管线的过程中，泥浆的排量与压力不用太大,随着管线进入穿越空洞,孔内的泥浆将被管线挤出,因此管线的回拖速度不能太快。

4. 泥浆应急小组

成立泥浆应急小组,该小组负责对穿越沿线泥浆情况进行巡查,如发现可疑冒泥浆点,要及时通知技术人员调整穿越方案进行控制。

10.2.3.11　穿越段管线下沟与穿越口的封堵

拖管完成后,沿管线轴线延长线方向,在出土点一侧,根据管线长度和施工规范要求,开挖发送沟。在开挖发送沟时,注意保证发送沟在穿越轴线的延长线上。

对穿越口的封堵重点采取以下措施:

(1)在拖管接近地面 3 m 前,降低拖管速度,增大泥浆压力,增大泥浆黏稠度,利用泥浆的作用封堵穿越口。

(2)在拖管完成后对两端泥浆池的泥浆增加振动外力,加速泥浆的沉降,提高泥浆封口的密实度。

(3)要在拖管完成48 h,等到泥浆完成自然沉降以后,才对两端泥浆池上层的清水层进行清理。

(4)对埋深小于2.5 m的拖管进行开挖、返平后,再用黏土回填夯实,压实度不小于0.93。

10.2.3.12　施工环保措施

(1)施工地点距离岸线保护区较远,均在河道管理范围之外,施工时对两侧土层的破坏是暂时的,施工完成恢复原貌后,基本不会对河堤造成不利影响。

(2)穿越过程中,在入土点与出土点分设泥浆池,收集管道穿越过程中产生的泥浆,泥浆池均设有聚乙烯防渗膜,施工产生的泥浆量较小,泥浆池容积考虑了30%的余量以防雨水冲刷外溢,施工过程中没有废弃泥浆外溢现象。施工过程中,现场配置泥浆回收系统,泥浆重复利用。施工结束,废弃泥浆主要集中填埋在泥浆池内,泥浆经自然风干、脱水后覆土封盖,上层覆40 cm 厚的耕作土,对地貌进行恢复。

(3)本段管道为敏感区域,于本区域两侧设置截断阀室,配套建设远程监控及数据采集(SCADA)系统,通过调度控制中心进行全线监控,设有泄漏检测指示、报警、泄漏点定位指示,减少管道事故时成品油的泄漏量。管线穿越河流处设置管道标志桩、警示牌。

(4)本段管道采用直缝埋弧焊钢管,充分保证管体焊缝质量,并使管体焊缝长度尽可能缩短。增加管道壁厚,普通地段管道壁厚采用 11.0 mm,本段穿越采用 14.2 mm,壁厚级别提高,安全性更高,管道探伤采用100%超声波探伤+100%射线探伤的方式,确保焊缝无缺陷。

(5)施工前,对各类机械进行检修,防止漏油污染。

(6)对施工人员进行环保教育,严禁施工人员随地吐痰、便溺、丢弃废物,禁止任何破坏当地环境的不良行为。

(7)定向钻穿越施工产生的生活污水主要依托于当地的污水处理系统进行处理;施工期管线清管、试压废水经过沉淀之后重复使用。

10.3　河道基本情况

10.3.1　河道概况

潍河古称潍水,位于半岛地区中部,地处胶莱河以西、白浪河以东,该河发源于日照市莒县境内的屋箕山北麓,流经日照市的莒县、五莲,临沂市的沂水以及潍坊市的安丘、诸城、坊子、寒亭、昌邑等县(市、区),最后由下营镇以北注入渤海莱州湾,流域面积 6 367 km²,干流全长 222 km。该河支流众多,并集中于中上游,多从右岸汇入干流,这些支流为山洪河道,源短流急。其主要一级支流有渠河、汶河、百尺河、涓河等。潍河流域内共有大型水库 4 座、中型水库 14 座、小型水库 318 座、大中型拦河闸坝 42 座。

潍河流域属泰沂山北低山丘陵区,主要是构造剥蚀地形,且以断裂构造为主。地形自沂山向北倾斜,经丘陵区逐渐过渡到平原区,地势西南高、东北低。上游段(墙夼水库以上)主要为山区,区间长 82 km,落差 162.9 m,平均比降 1/293,此段河道坡陡流急,冲刷力大,挟带泥沙较多,易暴发山洪;中游段(墙夼—峡山水库)主要为丘陵区,区间长 86 km,落差 68.7 m,平均比降 1/2 400,此段大部分属地下河;下游段(峡山水库以下)为平原及滨海平原区,区间长 78 km,落差 19 m,平均比降 1/3 030,河道平缓,水流弯曲,两岸土质多为砂壤土,河岸崩塌现象严重,险工、险段较多。该河上游段河槽位于地下,中下游河段经历次治理,大部分河段建有堤防,堤外为开阔平原,极易泛滥成灾。流域内各种地貌类型比例:山区占 23.9%,丘陵占 29.1%,平原占 25.4%,涝洼地占 21.6%。

潍河流域内人口众多,经济发达。根据潍河干流及两岸堤防情况,干流河道防护范围主要是中下游地区,防洪范围内土地面积近 2 500 km²,耕地面积 150 万亩,人口 90 万,并有胶济铁路、济青高速、潍莱高速、潍石公路、烟潍公路、辛沙公路等六条国家级交通干线以及胜利油田—黄岛输送管线、引黄济青输水干渠等重要工程,还有诸城、安丘、昌邑等三市城区,潍河防洪除涝任务十分艰巨。

10.3.2　水文气象

潍河流域位于欧亚大陆北温带季风区,属于大陆性气候,四季界限分明,温差变化大,雨热同期,降雨季节性强。冬季寒冷干燥,多北风,少雨雪;夏季炎热,盛行东南风和西南风,暴雨洪水集中;春季多风,秋季天高气爽,春秋两季干燥少雨,经常出现春旱和秋旱。多年平均气温 12.3 ℃,极值最高气温 40.9 ℃,极值最低气温−20 ℃,无霜期 190~270 d。据实测资料统计,潍河流域多年平均降水量为 720 mm,多年平均径流总量为 7.441 亿m³,多年平均径流深 136.4 mm。年径流在时空分布上与降水基本一致,由南向北呈递减的趋势。

10.3.3　工程地质

潍河流域属泰沂山北低山丘陵区,主要是构造剥蚀地形,且以断裂构造为主。地形自沂山向北倾斜,经丘陵区逐渐过渡到平原区。

10.3.3.1 地形地貌

昌邑市的地貌,受构造、岩性、气候、河流、海洋内外营力作用的影响,地势自南而北逐渐降低。南部为低山丘陵区,中部为平原区,北部为洼地海滩。丘陵占全市总面积的24.64%,平原占28.68%,洼地海滩占46.68%。

10.3.3.2 地层结构及岩性

根据岩土工程勘察报告,穿越场地地层主要由粉质黏土、粉土、砂土组成,共分为17个工程地质层,分述如下:

①层:素填土(Q_4^{ml}),土质不均匀,结构松散,主要为耕植土,以粉土为主,上部含少量植物根系。场区普遍分布不均,河道处存在尖灭,厚度0.20~0.50 m,平均0.37 m;层底标高0.60~5.25 m,平均4.37 m;层底埋深0.20~0.50 m,平均0.37 m。

②层:粉质黏土(Q_4^{al+pl}),黄褐色,可塑,土质较均匀,切面稍光滑,干强度及韧性中等,见少量铁锰氧化物。场区分布不均,存在尖灭,仅在钻孔ZK23~ZK26揭露,厚度1.30~3.20 m,平均2.05 m;层底标高2.00~3.76 m,平均3.02 m;层底埋深1.60~3.40 m,平均2.38 m。

③层:粉土(Q_4^{al+pl}),黄褐色,密实,稍湿-湿,土质不均,无光泽反应,摇振反应一般,含少量黏粒。场区分布不均,河道内缺失,厚度0.90~5.30 m,平均2.98 m;层底标高-0.57~3.45 m,平均1.23 m;层底埋深1.30~5.80 m,平均3.69 m。

④层:粉质黏土(Q_4^{al+pl}),灰色,可塑,土质不均,含少量贝壳碎屑,切面光滑,干强度及韧性中等,夹有粉土。场区分布不均,存在尖灭,仅在钻孔ZK1~ZK4,ZK7、ZK11、ZK21~ZK22、ZK24~ZK26揭露,厚度0.90~3.40 m,平均1.61 m;层底标高-2.11~2.11 m,平均0.30 m;层底埋深2.40~7.50 m,平均4.64 m。

⑤层:粉砂(Q_4^{al+pl}),灰黄色-褐黄色,中密-密实,饱和,主要矿物成分石英、长石,级配不良,局部夹粉质黏土团块,含有碎贝壳。场区普遍分布,厚度1.60~8.20 m,平均5.11 m;层底标高-7.41~-2.96 m,平均-4.75 m;层底埋深2.40~12.00 m,平均9.07 m。

⑥层:粉质黏土(Q_4^{al+pl}),灰色,可塑-硬塑,土质较均,含少量贝壳碎屑,切面光滑,干强度及韧性中等。场区分布不均,存在尖灭,仅在钻孔ZK1、ZK3、ZK4、ZK7、ZK12、ZK16、ZK19、ZK23~ZK26揭露,厚度0.50~3.20 m,平均1.64 m;层底标高-6.68~-4.66 m,平均-5.72 m;层底埋深4.20~11.70 m,平均9.86 m。

⑦层:粉土(Q_4^{al+pl}),褐黄色,密实,稍湿-湿,土质不均,见少量姜石,切面粗糙,摇振反应迅速,夹有粉质黏土薄层。场区普遍分布,厚度1.30~6.40 m,平均3.34 m;层底标高-10.80~-6.30 m,平均-8.88 m;层底埋深5.50~16.20 m,平均13.16 m。

⑧层:粉质黏土(Q_4^{al+pl}),黄灰色,可塑,土质较均,含少量细砂粒,切面光滑,干强度及韧性中等。场区分布不均,存在尖灭,仅在钻孔ZK12~ZK15、ZK17、ZK22揭露,厚度0.70~1.80 m,平均1.15 m;层底标高-9.26~-7.39 m,平均-8.32 m;层底埋深6.50~13.50 m,平均11.25 m。

⑨层:粉土(Q_4^{al+pl}),灰黄色,密实-中密,稍湿-湿,土质较均,见少量姜石及碎贝壳,切面粗糙,摇振反应迅速,夹有粉质黏土薄层。场区普遍分布,厚度1.90~6.50 m,平均4.34 m;层底标高-15.91~-11.66 m,平均-13.51 m;层底埋深11.10~20.30 m,平

均 17.68 m。

⑩层:粉质黏土(Q_4^{al+pl}),褐黄色,可塑,土质较均,切面光滑,干强度及韧性中等,含有氧化铁斑。场区分布不均,存在尖灭,仅在钻孔 ZK3~ZK5、ZK8、ZK9、ZK11~ZK24 揭露,厚度 0.70~3.10 m,平均 1.66 m;层底标高−17.02~−13.16 m,平均−15.05 m;层底埋深 12.30~22.20 m,平均 19.11 m。

⑪层:细砂(Q_4^{al+pl}),黄褐色,密实,饱和,主要矿物成分石英、长石,级配不良,砂质不纯。场区普遍分布,厚度 1.00~6.40 m,平均 3.39 m;层底标高−21.48~−15.66 m,平均−18.40 m;层底埋深 15.30~26.40 m,平均 22.58 m。

⑫层:粉质黏土(Q_4^{al+pl}),灰绿色,硬塑−可塑,土质不均,含少量姜石,含氧化铁斑,切面光滑,干强度及韧性中等。场区普遍分布,厚度 1.50~5.20 m,平均 3.00 m;层底标高−25.28~−18.46 m,平均−21.39 m;层底埋深 19.40~30.50 m,平均 25.57 m。

⑬层:细砂(Q_4^{al+pl}),褐黄色,中密−密实,饱和,主要矿物成分石英、长石,级配不良,砂质较纯。场区分布不均,仅在 ZK8、ZK9、ZK12、ZK13、ZK14、ZK18~ZK24 揭露,厚度 0.70~2.40 m,平均 1.52 m;层底标高−24.26~−19.66 m,平均−21.81 m;层底埋深 25.30~29.00 m,平均 26.80 m。

⑭层:粉质黏土(Q_4^{al+pl}),灰绿色,硬塑−可塑,土质不均,含少量姜石,含氧化铁斑,切面光滑,干强度及韧性中等。场区普遍分布,厚度 2.60~7.50 m,平均 4.62 m;层底标高−30.31~−25.29 m,平均−27.23 m;层底埋深 24.40~34.20 m,平均 30.89 m。

⑮层:细砂(Q_4^{al+pl}),灰黄色,密实,饱和,主要矿物成分石英、长石,级配不良,砂质较纯。场区普遍分布,厚度 1.30~2.40 m,平均 1.93 m;层底标高−29.20~−27.44 m,平均−28.08 m;层底埋深 26.60~31.60 m,平均 28.90 m。

⑯层:粉质黏土(Q_4^{al+pl}),灰黄色,硬塑−可塑,土质不均,含少量细砂粒,切面光滑,干强度及韧性中等。场区普遍分布,仅在 ZK16 内揭穿,厚度 9.10~9.10 m,平均 9.10 m;层底标高−37.30 m;层底埋深 36.30 m。在 ZK15、ZK17、ZK18、ZK19 内该层未穿透。

⑰层:细砂(Q_4^{al+pl}),黄褐色,密实,饱和,主要矿物成分石英、长石,级配不良,砂质较纯。

10.3.3.3　地下水

场地地下水主要为赋存于松散层孔隙潜水。其透水性较好,水量较丰富,主要接受大气降雨渗入补给、灌溉和地表河水的补给,以大气蒸发及向场外低洼处径流排泄为主要排泄途径。

勘察期间测得钻孔中地下水的稳定水位埋深 2.20~8.80 m,标高−4.09~−1.80 m。地下水对混凝土结构均具微腐蚀性,对钢筋混凝土结构中的钢筋在长期浸水条件下具微腐蚀性,在干湿交替条件下具弱腐蚀性,对钢结构具中腐蚀性;场地土对钢结构具强腐蚀性。

10.3.3.4　场地稳定性

根据岩土工程勘察报告,整体上穿越地段两侧地形平坦,穿越处两岸为人工修建的土堤,相对两地农田自然高度 5.0~6.0 m,河岸坡度平缓,未发现对管线有影响的滑坡、崩塌、泥石流、不稳定边坡等不良地质灾害。

根据场地地层分布规律、埋深情况及工程物理性质,⑫层粉质黏土、⑭层粉质黏土可作为定向钻方式穿越层位。

工程场区分布地层均为第四系松散盖层,管道施工采用定向钻穿越河道,可能存在塌孔及冒浆现象危及堤防安全,建议施工期根据地层岩性特征调整泥浆比重、黏度及压力,保证工程安全。

10.3.3.5 场地地震效应

场区抗震设防烈度为 7 度,设计基本地震加速度值为 $0.15g$,抗震设计分组为第二组。拟建场地在 20.0 m 深度范围内,饱和粉土和砂土不发生液化。

该建筑场地抗震地段划分为对建筑抗震不利地段。建筑场地类别为Ⅲ类,调整后反应谱特征周期值为 0.55 s。

10.3.4 河道治理情况

1951 年,潍河干流工程经国务院批准,两岸筑堤 100 km,裁弯 3 164 m,疏浚河道 1 840 m,完成土石方 544 万 m^3。1990—1992 年,在昌邑市柳疃镇辛安庄村东,距潍河入海口 15 km 修建了昌邑市辛安庄闸,该闸兼具蓄水、防潮及灌溉功能。

自 1951 年治理工程运行 40 多年后,工程老化严重,堤防边坡过陡,超高严重不足。1992 年,潍坊市编制了《山东省潍坊市潍河干流防洪工程初步设计》,对潍河工程退化老化、隐患进行了逐一排查,治理方案为按照 4 500 m^3/s 的设计洪水标准进行了复堤堤防全线加高培厚,裁弯取直 2 处,封堵道口 126 处,加固 45 处险工中的 23 处,新建穿堤排水建筑物 6 座,加固穿堤排水建筑物 17 座,新建漫水桥 1 座。实施过程中,由于种种原因,部分工程未实施。

2000~2008 年,昌邑市财政投资开发建设了以"一水""二场""三区""六园"为主要景点的水利风景区,完成了金口拦河闸至城东橡胶坝堤防治理全长 5.5 km,潍河老桥至吴家漫全长 2 235 m 无堤段进行新筑堤防,建成了 17 m 宽的大堤路,并进行了路面硬化、堤坡护砌和绿化美化。

2002~2010 年潍河干流自峡山水库溢洪闸至入海口,依次建设了峡山区岞山橡胶坝、峡山区辉村橡胶坝、高速公路北橡胶坝、昌邑金口橡胶坝、昌邑城东橡胶坝、昌邑城北橡胶坝、昌邑柳疃橡胶坝。

2007~2010 年峡山区对潍河右岸进行了治理,桩号 0+000~11+403 按照 1 级公路标准修建了 24 m 宽的潍峡路代替了原有堤防,桩号 11+403~17+048 按照 2 级公路标准修建潍峡北路代替了原有堤防。

2019 年 12 月,潍坊市对潍河按 50 年一遇进行了综合治理,主要建设内容包括无堤段复堤 10.25 km,堤防培厚加高 7.58 km,新建防洪墙 3.61 km,新建穿堤建筑物 23 座,其中新建穿堤箱涵 1 座、管涵 22 座。

10.3.5 现有水利工程及其他设施情况

2013 年 11 月,山东省水利厅编制了《山东半岛流域综合规划》,报告中提出了潍河河道及河口治理规划方案:潍河干流峡山水库—入海口段的河道及堤防,近期按照 30 年一遇标准治理,对现有河道河线及堤防不做变动;远期按照 50 年一遇标准治理,对堤防加高、培厚。

根据《潍坊市潍河昌邑段防洪治理工程报告》,2020 年潍坊市对潍河按 50 年一遇防洪标准进行了综合治理,工程穿越处河道现状已基本满足《山东半岛流域综合规划》远期治理要求。因此,本次按河道现状对输油管道穿越潍河进行防洪评价。

工程穿越位置上游 850 m 为荣乌高速潍河大桥,下游 500 km 处为大莱龙铁路桥,拟建项目处上下游附近无其他水利设施。管道工程穿越潍河处河底高程 2.0 m,两岸有堤防,左岸堤顶高程 9.70 m,右岸堤顶高程 10.31 m,河口宽 1 674.0 m,河槽底宽 553.83 m,河槽上口宽 561.51 m,左边滩底高程 5.27 m,左边滩宽度 593.50 m,右边滩底高程 5.27 m,右边滩宽度 501.75 m。河道现状断面要素见表 10-2,穿越处潍河右岸堤防、主河槽见图 10-7、图 10-8。

表 10-2　河道现状断面要素　　　　　　　　　单位:m

河道名称	河槽		河滩				堤顶高程		河口宽
	河底宽	河底高程	左边滩底高程	右边滩底高程	左边滩宽度	右边滩宽度	左堤	右堤	
潍河	553.83	2.0	5.27	5.27	593.50	501.75	9.70	10.31	1 674.0

图 10-7　穿越处潍河右岸堤防

10.3.6　岸线利用管理规划

2019 年 4 月,为进一步落实省级骨干河湖岸线控制利用与保护、加快推进河长制落实,由山东省水利厅组织编制完成了《潍河岸线利用管理规划报告》。

10.3.6.1　规划范围

潍河干流,全长 222.00 km。河源起点山东省沂水县富官庄镇泉头村,经度 118°53′25.7″、纬度 36°2′59.2″;河口讫点山东省昌邑市下营镇,经度 119°28′25.7″、纬度

图 10-8　穿越处潍河主河槽

37°5′14.2″。

起点坐标：$X=40\,400\,021.83$，$Y=3\,991\,635.73$；

讫点坐标：$X=40\,453\,215.99$，$Y=4\,106\,326.50$。

10.3.6.2　规划水平年

现状水平年 2015 年；规划水平年 2030 年。

10.3.6.3　坐标系及高程系

坐标系：CGCS2000 国家大地坐标系。高程系：1985 国家高程基准。

10.3.6.4　规划内容

1. 河势稳定性

自 1958 年以来，潍河中上游及其主要支流河道共修建峡山、墙夼、牟山、高崖等大型水库 4 座，三里庄、青墩、石门等中型水库 16 座、小型水库 483 座，这些水库总控制流域面积 5 472 km²，占河流总流域面积的 85.9%，总库容 28.19 亿 m³，大大减轻了中下游河道的洪水压力。受以前非法采砂影响，部分河段河槽边坡存在下切趋势和坍塌现象。目前，两岸防洪堤防基本稳定、河势稳定；河口各类建设活动受到有效控制，河口演变趋势更加稳定。

2. 岸线控制线

规划范围内潍河临水控制岸线总长度 554.78 km，其中左岸临水控制岸线长度 249.21 km，右岸临水控制岸线长度 305.57 km。现有工程占用岸线总长度 30.15 km，新增建设项目占用岸线 8.18 km，合计 38.33 km，占潍河岸线总长度的比例为 6.90%。

3. 岸线功能区

潍河共划分为 4 大类 64 个岸线功能区，岸线保护区、岸线保留区、岸线控制利用区、岸线开发利用区的数量分别为 35 个、21 个、5 个、3 个；岸线保护区、岸线保留区、岸线控制利用区、岸线开发利用区的长度分别为 397.8 km、106.45 km、31.09 km、19.44 km。

10.3.6.5　管理范围划定

根据潍河工程现状管理范围，有堤防河段，其管理范围为两岸管理范围之间的水域、滩地、行洪区、两岸堤防及内外护堤地。潍河下游段（峡山水库溢洪闸—入海口）左岸堤防基本建成，划定堤防工程的管理范围为堤防背水侧设计堤脚外 5 m 范围，采用已划定的堤防工程管理范围的外缘线作为外缘控制线；右岸的堤防背水侧设计堤脚外 5 m 范围，采用已划定的堤防工程管理范围的外缘线作为外缘控制线。

10.3.6.6　岸线功能区划分及定位

（1）潍河确权划界后，如果与本规划的控制线不一致，以实际确权线为准，但本规划确定的岸线功能区仍具有法定约束力。

（2）随着实际情况的变化，本规划批复后启动的涉潍河建设项目，应在规划阶段征求潍河主管部门意见；建设期应按照该项目所处的潍河功能区完善相关施工保护措施。

（3）应急工程涉及潍河时，应遵照国家、省级应急程序办理相关手续后实施。

10.3.6.7　岸线功能区划分原则

（1）岸线功能区划分应正确处理近期与远期、开发与保护之间的关系，做到近远期结合，开发利用与保护并重，确保防洪安全和水资源、水环境及河流生态得到有效保护，促进岸线资源的可持续利用，保障潍河沿岸经济社会的可持续发展。

（2）岸线功能区划分应统筹考虑和协调处理好上下游、左右岸之间的关系及岸线的开发利用可能带来的影响。

（3）岸线功能区划分应与已有的防洪分区、水功能分区、农业分区、自然生态分区等区划相协调。

（4）岸线功能区划分应统筹考虑城市建设与发展、地区经济社会发展等方面的需求。

（5）岸线功能区划分应本着"因地制宜、实事求是"的原则，充分考虑河流自然生态属性，以及河势演变、河道冲淤特性及河道岸线的稳定性，并结合行政区划分界，进行科学划分，保证岸线功能区划分的合理性。

10.3.6.8　岸线保护区的划分方法

（1）地表水功能区划中已被划为保护区的，原则上相应河段岸线应划分为岸线保护区。

（2）重要水源地河段，一般划分为岸线保护区或岸线保留区，若经济社会发展有迫切需要的，可划分为岸线控制利用区。

（3）现状利用程度较高、跨河设施集中、对河道行洪和河势稳定有重大影响的岸段应划分为岸线保护区。

（4）重要的水利枢纽工程上下游一定长度范围内应划分为岸线保护区。

10.3.6.9　岸线保护区管理规划目标

（1）岸线保护区原则上不准进行开发利用，确需开发的，应经过重点论证并报省级及其以上水行政主管部门或流域机构审批。

（2）城镇引水水源地岸线保护区内，禁止除取水工程及岸线保护工程外的各类项目建设行为。在城镇引水水源地类岸线保护区河段的取水工程，施工期间应避免发生污染水源地水质的行为。

（3）岸线保护区河段利用堤防建设公路的路堤结合项目，公路建设应符合所在河段堤防的远期规划防洪标准。

（4）对为保护生态环境划定的岸线保护区,原则上不允许进行河道治理以外的任何项目建设。若要建设河道治理工程,应满足防洪和河势稳定要求,进行生态环境影响评价。

（5）岸线保护区内的生态景观项目建设,应符合河道近、远期防洪以及河势稳定要求。

（6）不稳定险工段和部分河势不稳的支流河口段为岸线保护区,禁止岸线开发利用行为。

工程穿越河道段岸线保护区管理规划目标为禁止影响河势稳定、工程安全和防洪安全的项目建设。

10.3.6.10　穿越段岸线保护区的划分依据

潍河下游河道中泓桩号 60+600～64+100 左右岸,因为河道束窄段、S320 省道、大莱龙铁路、荣乌高速、荣乌高速廊道区等跨河设施集中划为岸线保护区,主要划分依据为防洪保护区。

工程于潍河下游河道中泓桩号 61+800 处穿越河道两岸,穿越处位于潍河岸线保护区。

10.4　防洪评价计算

10.4.1　水文分析计算

10.4.1.1　设计洪水标准

根据《潍坊市潍河昌邑段防洪治理工程报告》,管道穿越处潍河现状防洪标准为 50 年一遇;根据《油气输送管道工程水平定向钻穿越设计规范》（SY/T 6968—2013）和《油气输送管道穿越工程设计规范》（GB 50423—2013）,该穿越工程等级为大型,设计洪水频率为 100 年一遇。所以,需要确定工程穿越断面处 50 年一遇、100 年一遇的设计洪水。

10.4.1.2　设计洪水推求

1. 穿越处设计洪水推求

《潍坊市潍河昌邑段防洪治理工程报告》对潍河干流设计洪水进行了分析计算,本次工程穿越处在辉村断面下约 40.7 km 处,区间无支流汇入,工程以上流域面积 6 300 km²,其中峡山水库、牟山水库控制流域面积分别为 4 210 km²、1 262 km²,区间流域面积为 828 km²。经分析,本次工程评价采用《潍坊市潍河昌邑段防洪治理工程报告》中推荐成果,50 年一遇河道内洪峰流量分别为 5 700 m³/s。

100 年一遇河道设计洪水推求参考山东省水利勘测设计院编制的《昌邑市潍河防潮蓄水闸除险加固工程初步设计报告》,该报告中对潍河干流辛安闸断面处 100 年一遇设计洪水进行了推求,辛安闸位于潍河干流末端,距离入海口 15 km,与本次工程位置断面接近,流域面积一致。该报告成果已经通过了淮河流域委员会审查,并已经山东省发改委批复,100 年一遇洪峰流量为 14 500 m³/s。另外,考虑到上游峡山水库增容,根据《山东省潍坊市峡山水库增容工程初步可行性研究报告》成果,峡山水库兴利水位由 37.4 m 提高到 38 m 后,水库 100 年一遇下泄流量有所增加,因此综合考虑峡山水库增容,得到本次工程处 100 年一遇洪峰流量为 16 429 m^3/s。

2. 2018 年实测暴雨分析

2018 年 8 月,台风"温比亚"肆虐山东。自 8 月 18 日 6 时至 20 日 10 时,潍坊市普降暴雨,平均降雨量达到 174.7 mm。洪灾造成 13 人死亡、3 人失踪,倒塌房屋 9 999 间,农作物受灾面积 200 多万亩,直接经济损失 92 多亿元。这是自 1974 年以来最大的一次洪涝灾害。

工程穿越潍河处位于峡山水库下游段,工程位置断面洪水主要受峡山水库下泄洪水影响,峡山水库作为山东省境内最大水库,控制流域面积 4 210 km^2,总库容 14.05 亿 m^3,调洪能力较强。统计 2018 年三里庄、墙夼、古县站实测降雨资料,三站最大 72 h 降雨量分别为 152.5 mm、127 mm、125 mm,皆没有超过 200 mm,受 2018 年 8 月暴雨影响,峡山水库自 8 月 21 日 13 时起,开启溢洪道调洪泄水,泄洪流量仅为 400 m^3/s,经对比分析,峡山水库流域无论是降雨量还是下泄流量,均没有超过历史最大值,本次所采用成果计算过程中已将此量级洪水考虑其中。

3. 2019 年实测暴雨分析

2019 年 8 月,台风"利奇马"再次肆虐山东,降雨强度超过 2018 年台风"温比亚"强度,是 1952 年有水文纪录以来场次降雨最大值。经分析,峡山水库流域无论是降雨量还是下泄流量,都没有超过历史最大值,本次所采用成果计算过程中也已将此量级洪水考虑其中。

综上分析,潍河穿越处设计断面设计洪水成果如表 10-3 所示。

表 10-3 潍河穿越处设计断面设计洪水成果

河流名称	设计断面流域面积/km^2	设计频率	洪峰流量/(m^3/s)
潍河	6 300	$P=2\%$	5 700
		$P=1\%$	16 429

10.4.1.3 设计洪水位分析

工程穿越处的设计洪水位采用天然河道水面线法进行推求,根据 50 年一遇、100 年一遇洪峰流量,求得工程穿越处现状河道断面 50 年一遇、100 年一遇设计洪水位分别为 9.01 m、9.90 m,管道穿越处潍河设计洪水位成果见表 10-4。

表 10-4 管道穿越处潍河设计洪水位成果

断面类型	2%		1%	
	设计流量/(m^3/s)	设计洪水位/m	设计流量/(m^3/s)	设计洪水位/m
现状断面	5 700	9.01	16 429(6 985)	9.90

注:括号内为实际过流流量,括号外为设计流量。

10.4.2　冲刷、淤积分析

10.4.2.1　冲刷计算

根据地质资料,管道穿越处河床表层为粉土和粉砂,按《公路工程水文勘测设计规范》(JTG C30—2015)中非黏性土冲刷深度计算公式进行计算。管道穿越潍河现状断面河槽部分一般冲刷计算成果见表10-5,河滩部分一般冲刷计算成果见表10-6、表10-7。

表 10-5　穿越处潍河现状断面河槽冲刷计算成果

频率 P	河槽部分通过的设计流量 $Q_2/(\mathrm{m^3/s})$	河槽部分最大水深 h_{cm}/m	河槽平均水深 h_{cq}/m	河槽部分桥孔过水净宽 B_{cj}/m	河槽土平均粒径 $\overline{d}/\mathrm{mm}$	最大流速 $v/(\mathrm{m/s})$	河槽一般冲刷最大水深 h_p/m	河槽一般冲刷深 $/\mathrm{m}$	河槽冲刷线高程 $/\mathrm{m}$
2%	3 764.64	7.01	6.98	565.6	0.13	0.95	7.92	0.91	−2.91
1%	4 363.15	7.90	7.87	565.6	0.13	0.98	9.00	1.10	−3.10

表 10-6　穿越处潍河现状左边滩冲刷计算成果

频率 P	河滩部分通过的设计流量 $Q_1/(\mathrm{m^3/s})$	河滩部分最大水深 h_{tm}/m	河滩平均水深 h_{tq}/m	河滩部分桥孔过水净宽 B_{tj}/m	不冲流速 $v_{H1}/(\mathrm{m/s})$	平均流速 $v/(\mathrm{m/s})$	河滩一般冲刷最大水深 h_p/m	河滩一般冲刷深/ m	河滩冲刷线高程/ m
2%	1 046.48	3.74	3.73	593.50	0.32	0.47	4.16	0.42	4.85
1%	1 416.64	4.63	4.61	593.50	0.32	0.51	5.36	0.73	4.54

表 10-7　穿越处潍河现状右边滩冲刷计算成果

频率 P	河滩部分通过的设计流量 $Q_1/(\mathrm{m^3/s})$	河滩部分最大水深 h_{tm}/m	河滩平均水深 h_{tq}/m	河滩部分桥孔过水净宽 B_{tj}/m	不冲流速 $v_{H1}/(\mathrm{m/s})$	平均流速 $v/(\mathrm{m/s})$	河滩一般冲刷最大水深 h_p/m	河滩一般冲刷深/ m	河滩冲刷线高程/ m
2%	888.88	3.74	3.70	501.75	0.32	0.47	4.23	0.49	4.78
1%	1 205.44	4.63	4.60	501.75	0.32	0.51	5.42	0.79	4.48

10.4.2.2　淤积分析

根据调查及地质资料分析,潍河汛期行洪时河道流量较大,平时河道流量较小,一年中汛期大流量时间少于小流量时间,上游来水量小时河道淤积,但每经一场洪水后,表层淤土被冲刷,河道基本长期处于冲淤平衡状态。

10.4.3　渗流及堤防边坡稳定分析

10.4.3.1　**渗流稳定分析**

　　管道穿越潍河处采用定向钻方式,管道在两岸堤防下埋深较深(大堤处管顶最小埋深23.0 m),管道施工在逐次扩孔过程中,通过扩孔器的挤压在将钻孔扩大的同时,对穿孔周围的土壤进行了压实,降低了管道周边土壤的渗透系数,增加了土壤的稳定性。所以,管道的穿越对穿越处地质的影响没有向不利于堤身、滩地及河槽稳定的方向发展。

　　《堤防工程设计规范》(GB 50286—2013)明确规定,穿堤的各类建筑物与土堤接合部位应能满足渗透稳定要求,在建筑物外围应设置截流环或刺墙等,渗流出口应设置反滤排水。管道设计时,在出、入土点附近管道周围采取防渗漏处理措施,在定向钻穿越段两端与水平自然敷设主管道连接处做截流环,保证了管道整个穿越处的密闭性,并防止了定向钻管道周边泥浆充填层产生渗流的可能。鉴于本工程为压力管道,施工过程中不可避免地会产生振动,因此建议本管道穿大堤施工时,尽量减小对管周土体的扰动。

10.4.3.2　**堤防边坡稳定分析**

　　根据地质勘察报告,本工程穿越潍河处两岸地形平坦开阔,河段较为顺直,水流较为平缓,下蚀作用较弱,河床及岸坡较稳定。本工程采用定向钻穿越堤防,出土点距现状左堤外堤脚垂直距离217.60 m,入土点距现状右堤外堤脚垂直距离129.63 m,并且管道在堤防下埋深较深,本工程穿越基本不会对现状堤防和规划堤防及岸坡的稳定造成影响。

10.5　项目综合评价

10.5.1　项目建设与现有水利规划的关系及影响分析

　　根据《潍坊市潍河昌邑段防洪治理工程报告》,工程穿越潍河处已按50年一遇进行了治理,暂无其他水利规划及实施安排。

　　定向钻工程穿越潍河一次穿越,出入土点均布设在两岸大堤外侧,定向钻管线穿越长度2 118.10 m,河道现状断面上口宽1 674.04 m,管道穿越长度大于河道断面河口宽度,管顶距离河底最小埋深为21.20 m,基本不影响河道下一步水利规划的实施。

　　根据《潍河岸线利用管理规划报告》,工程穿越处位于潍河岸线保护区,原则上不允许开发。根据《山东省新旧动能转换重大工程实施规划》,烟台港原油管道复线工程属于能源和水利基础设施重点建设内容,为确需开发的项目,且出土点距现状左岸外缘控制线垂直距离212.60 m,入土点距现状右岸外缘控制线垂直距离124.63 m,距河道外缘控制线较远,基本不会影响下一步潍河岸线的利用管理。

10.5.2　项目建设与现有防洪标准、有关技术和管理要求的适应性分析

10.5.2.1　**设防标准分析**

　　根据《潍坊市潍河昌邑段防洪治理工程报告》,该段河道防洪标准为50年一遇。

　　根据设计资料,输油管道穿越潍河工程等级为大型,管道设防标准为100年一遇,高

于河道防洪标准。

10.5.2.2 管线布置分析

根据《涉水建设项目防洪与输水影响评价技术规范》6.3.1规定,管道应尽量缩短穿越长度,宜与水流流向垂直。若因条件限制确实难以实现的,管道与水流流向夹角不宜小于60°。穿越处管道与主河槽水流方向夹角为82°,基本符合规范要求。

10.5.2.3 穿越长度分析

根据《涉水建设项目防洪与输水影响评价技术规范》6.4.1规定,采用定向钻施工方式时,若出、入土点均布设在水利工程管理范围外,距离水利工程不宜小于60 m;若有出、入土点布设在水利工程管理范围内,距离堤防迎水坡脚或水库、湖泊岸线不宜小于80 m。

根据《山东省河湖管理范围和水利工程管理与保护范围划界确权工作技术指南(试行)》(山东省水利厅,2017),河道管理范围为堤脚外侧5~10 m的范围。根据《潍河岸线利用管理规划报告》,工程穿越处河道管理范围(外缘控制线)为堤防背水侧设计堤脚外5 m范围。

根据工程穿越设计资料,管线穿越长度为2 118.10 m,现状河道断面上口宽1 674.04 m。按现状断面分析,出土点距现状左堤外堤脚垂直距离217.60 m,距现状左岸管理范围线垂直距离212.60 m,入土点距现状右堤外堤脚垂直距离129.63 m,距现状右岸管理范围线垂直距离124.63 m,出入土点均位于管理范围线以外。

10.5.2.4 穿越埋深分析

根据《涉水建设项目防洪与输水影响评价技术规范》6.5.2和6.5.4规定,采用定向钻施工方式时,其管顶距相应设计洪(输)水冲刷线不宜小于6 m。其中,在可以采砂的河段,管顶距河床不得少于7 m。建设项目穿越水利工程,应在相应位置设置永久性的识别和警示标志,并设置必要的安全监测设施。

在100年一遇防洪标准下,穿越处的管顶埋深见表10-8。

表10-8 100年一遇冲刷深度及管顶埋深

断面	项目	底部高程/m	冲刷线高程/m	管顶高程/m	管顶在河床以下埋深/m	管顶在冲刷线以下埋深/m
现状	河槽	−2.00	−3.10	−23.20	21.20	20.10
	左边滩	5.27	4.54	−21.80	27.07	26.34
	右边滩	5.27	4.48	−21.40	26.67	25.88

由表10-8可知,管道在现状河道断面内埋设深度符合规定,且管道设计设置了永久性的识别和警示标志,因此管道穿越埋深符合规范要求。

10.5.3 项目建设对河道行洪的影响分析

根据管道设计资料,输油管道采用定向钻穿越潍河。定向钻是一种先进的管线穿越施工方法,施工时完全在河道两侧陆地上进行,施工期和工程运行期均不占用河道有效过水面积,不会对河道行洪能力产生影响。

根据河道冲刷计算,管道顶在现状断面冲刷线以下最小埋深 20.10 m,不会因为河床冲刷而暴露管道,阻碍行洪。

因此,项目建设对河道行洪安全基本无影响。

10.5.4　项目建设对河势稳定的影响分析

管道采用定向钻方式穿越河道,在现状条件下和规划条件下对水流的流态和流势无影响,不会改变河道的自然演变。

因此,项目建设对河势稳定基本无影响。

10.5.5　项目建设对现有堤防、护岸及其他水利工程与设施影响分析

10.5.5.1　对堤防的影响分析

1.渗流稳定分析

工程穿越潍河处采用定向钻方式,管道在堤防下埋深较深(大堤处管顶最小埋深 23.0 m)。管道设计时,在出、入土点附近管道周围采取防渗漏处理措施,在定向钻穿越段两端与水平自然敷设主管道连接处做截流环,保证了管道整个穿越处的密实性,并防止了定向钻管道周边泥浆充填层产生渗流的可能。鉴于本工程为压力管道,施工过程中不可避免地会产生振动,因此建议本管道穿大堤施工时,尽量减小对管周土体的扰动。

2.堤防边坡稳定分析

根据地质勘察报告,本工程穿越潍河处两岸地形平坦开阔,河段较为顺直,水流较为平缓,下蚀作用较弱,河床及岸坡较稳定。本工程采用定向钻穿越堤防,出土点距现状左堤外堤脚垂直距离 217.60 m,入土点距现状右堤外堤脚垂直距离 129.63 m,并且管道在堤防下埋深较深,不涉及破堤施工,而且施工中采取了各种措施,以防施工过程中发生冒浆、塌孔等危及堤防安全的事故发生。本工程穿越基本不会对堤防及岸坡的稳定造成影响。

10.5.5.2　对其他水利工程的影响分析

工程穿越处下游 500 m 为大莱龙铁路桥,上游 850 m 处为荣乌高速。拟建项目处上下游附近无其他水利设施,输油管道定向钻穿越潍河对其他水利工程无影响。

因此,项目建设对现有堤防、护岸及其他水利工程与设施无影响。

10.5.6　项目建设对防汛抢险的影响分析

本工程采用定向钻施工方式穿越潍河,管道埋设在河床以下,项目计划在非汛期施工,项目建成前后均不影响汛期防洪抢险队伍、物资的运输,对防汛抢险无影响。

10.5.7　建设项目防御洪涝的设防标准与措施是否适当

10.5.7.1　设计洪水频率分析

根据《油气输送管道工程水平定向钻穿越设计规范》(SY/T 6968—2021)和《油气输送管道穿越工程设计规范》(GB 50423—2013),潍河穿越为大型穿越,设计洪水频率为100 年一遇。

根据设计单位提供资料,管道设计洪水频率为 100 年一遇,符合规范要求。

10.5.7.2　设计埋深分析

根据《油气输送管道穿越工程设计规范》(GB 50423—2013)规定,水域穿越管段管顶埋深不小于设计洪水冲刷线或疏浚深度线以下 6 m。

根据冲刷计算结果,管顶至设计洪水冲刷线最小距离 20.10 m,满足规范要求。

因此,建设项目防御洪涝的设防标准与措施适当。

10.5.8　项目建设对第三人合法水事权益的影响分析

对第三人合法水事权益的影响分析主要包括对航运、取水、排涝、码头等的影响分析。

工程穿越处无航运、码头、取水口等设施,因此项目建设对第三人合法水事权益基本无影响。

10.6　论证结论

烟台港原油管道复线工程于昌邑市下营镇张家寨村和柳疃镇中阎车道村东北采用定向钻一次穿越潍河。管道规格为 $\Phi711×14.2$ L450MSAWL PSL2 钢管,防腐方式为普通级高温型三层 PE+保温层+高密度聚乙烯层+环氧玻璃钢外护层。穿越处位于河道中泓桩号 61+800 处,管道与潍河水流方向夹角为 82°,水平穿越长度为 2 118.1 m。出、入土点均位于河道保护范围以外,入土点位于右堤以外,入土点距右堤背水坡脚垂直距离 129.63 m,入土角 8°;出土点位于左堤以外,出土点距河道左堤背水坡脚垂直距离 217.60 m,出土角 7°;穿越处河底管段最低管顶高程为 -23.2 m、最小埋深 21.2 m。管道不占用河道行洪断面,不影响河势稳定、工程安全和防洪安全。

按照《潍河岸线利用管理规划报告》,潍河下游河道中泓桩号 60+600~64+100 段,因“河道束窄段、S320 省道、大莱龙铁路、荣乌高速、荣乌高速廊道区等跨河设施集中”划为岸线保护区。本工程位于潍河下游河道中泓桩号 61+800 处,采用定向钻方式穿越潍河河道两岸,不占用河道行洪断面,未造成河道束窄,输油管道建设不会对岸线保护区划定因素造成不利影响,不会影响岸线保护区的防洪功能及管理规划目标,不违背岸线利用的总体原则。

按照《潍河岸线利用管理规划报告》中“岸线保护区”管理规划目标的“确需开发的,经过重点论证并报省级及其以上水行政主管部门或流域机构审批”要求,经综合论证,认为该处潍河河段可进行定向钻施工方式穿越河道。

参 考 文 献

[1] 交通运输部.公路工程水文勘测设计规范:JTG C30—2002[S].北京:人民交通出版社股份有限公司,2002.

[2] 交通运输部.公路工程水文勘测设计规范:JTG C30—2015[S].北京:人民交通出版社股份有限公司,2015.

[3] 国家能源局.油气输送管道工程水平定向钻穿越设计规范:SY/T 6968—2013[S].北京:石油工业出版社,2014.

[4] 山东省市场监督管理局.涉水建设项目防洪与输水影响评价技术规范:DB37/T 3704—2019[S].北京:中国水利水电出版社,2019.

[5] 关科.潍河岸线利用管理规划报告[R].山东省水利厅,2019:7-8,12-13,65,108-109.

[6] 巩向锋,等.烟台港原油管道复线工程穿越潍河分析评价[J].山东水利,2022,11(288):4-6.

[7] 刘莉莉,等.南四湖特大桥防洪评价的数值模拟[J].山东水利,2020,1(254):3-5.